Luis Patricio Juna Pozo

Incidencia del agua, ripio, arena y diferentes tiempos de curado, en la calidad del hormigón para la construcción

Luis Patricio Juna Pozo

Incidencia del agua, ripio, arena y diferentes tiempos de curado, en la calidad del hormigón para la construcción

Editorial Académica Española

Imprint
Any brand names and product names mentioned in this book are subject to trademark, brand or patent protection and are trademarks or registered trademarks of their respective holders. The use of brand names, product names, common names, trade names, product descriptions etc. even without a particular marking in this work is in no way to be construed to mean that such names may be regarded as unrestricted in respect of trademark and brand protection legislation and could thus be used by anyone.

Cover image: www.ingimage.com

Publisher:
Editorial Académica Española
is a trademark of
Dodo Books Indian Ocean Ltd., member of the OmniScriptum S.R.L Publishing group
str. A.Russo 15, of. 61, Chisinau-2068, Republic of Moldova Europe
Printed at: see last page
ISBN: 978-620-3-87438-9

DEDICATORIA

Para vos Piedad Valdiviezo, mi abuela, el último aliento en el lecho de tú muerte, nunca murió, se cumplió lo que querías y exigías, no te fallé...

Luis Patricio Juna Pozo

AGRADECIMIENTOS

A mis enemigos, sino fuera por ellos no me hubiese dado valor para continuar y ser más fuerte, sepan que ni la pandemia pudo con sus propósitos.

A mi madre Rosa Pozo y a mí abuelo David Juna, sin duda fueron un aporte importante a pesar de que no fui preferido en su vida, pero seguro ahora pueden ver que soy relevante.

A mis panas Paulo Vivas, Israel Chávez, Ángel González, Brayans Vaca y el gordo Iván Santos. Han sido compañeros y amigos incansables, su aporte para bien y el mal, fueron de gran inspiración para lograr metas, una compañía que espero no olvidar y me puedan aguantar mucho más, gracias.

Finalmente agradezco a la Ing. Vanesa Mena, su trabajo y apoyo para el proyecto de investigación fue importante, valioso, juntamente con la empresa Holcim y el GAD Municipal de Pedernales, a través del Ing. Jorge Flores y el Ing. Javier Loor, respectivamente, la apertura y el conocimiento que me brindaron resultó motivador para todo la presente investigación, a todos ellos la mejor de la suerte en su vida.

Todo lo que suma, gracias…

Luis Patricio Juna Pozo

ÍNDICE DE CONTENIDOS

ÍNDICE DE FIGURAS

ÍNDICE DE TABLAS

ÍNDICE DE ANEXOS

Título: Incidencia del agua, ripio, arena y diferentes tiempos de curado, en la calidad del hormigón para la construcción, empleando los agregados del cantón Pedernales, Provincia de Manabí en el año 2020.

Autor: Luis Patricio Juna Pozo

Tutor: Ing. Vanesa Mariela Mena López

RESUMEN

El Cantón Pedernales, Provincia de Manabí tuvo consecuencias nefastas por el terremoto ocurrido en abril del 2016, sus construcciones civiles tuvieron secuelas severas que no soportaron este desastre natural de magnitud 7,8 en la escala de Richter, arriesgando la vida de las personas y afectando a la economía de la comunidad. La presente investigación analiza la incidencia de los materiales provenientes del Cantón Pedernales: agua, ripio, arena en diferentes tiempos de curado manteniendo como factor constante el cemento en las mezclas, mediante un análisis factorial 2^4 de efectos fijos que permite probar que factores e interacciones influyen en la calidad del hormigón, medida a través de la resistencia de la compresión axial simple en Mpa, obteniendo así 16 tratamientos con 2 réplicas, para tener 32 cilindros de hormigón. Según el test F-Fisher a un nivel de significancia del 0.05, los factores que inciden son: ripio, arena, tiempos de curado y la condición de mayor resistencia es la interacción entre los factores agua-arena, en niveles: agua de río-arena de cantera de 10.868 Mpa, agua potable-arena de cantera de 8.835 Mpa, agua potable-arena de río 7.248 Mpa y agua de río-arena de río de 6.972 Mpa.

PALABRAS CLAVE: RESISTENCIA A LA COMPRESIÓN / HORMIGÓN / SIGNIFICANCIA / FACTOR.

TITLE: Impact of water, gravel, sand and different curing times on the quality of concrete for construction, using aggregates from the Pedernales canton, Manabí Province in 2020.

Author: Luis Patricio Juna Pozo

Tutor: Eng. Vanesa Mariela Mena López

ABSTRACT

The Pedernales Canton, Manabí Province had dire consequences due to the earthquake that occurred in April 2016, its civil constructions had severe consequences that did not withstand this natural disaster of magnitude 7.8 on the Richter scale, risking the lives of people and affecting to the economy of the community. This research analyzes the incidence of materials from the Pedernales Canton: water, gravel, sand at different curing times, keeping cement in the mixes as a constant factor, through a 2^4 factorial analysis of fixed effects that allows testing the factors and interactions that influence the quality of the concrete, measured through the resistance of simple axial compression in Mpa, thus obtaining 16 treatments with 2 replicates, to have 32 concrete cylinders. According to the F-Fisher test at a significance level of 0.05, the factors that influence are: gravel, sand, curing times and the condition of greatest resistance is the interaction between the water-sand factors, in levels: river water - quarry sand of 10,868 MPa, drinking water - quarry sand of 8,835 MPa, drinking water - river sand 7,248 MPa and river water - river sand of 6,972 MPa.

KEYWORDS: COMPRESSIVE STRENGTH / CONCRETE / SIGNIFICANCE / FACTOR.

I CERTIFY that the above and foregoing is a true and correct translation of the original document in Spanish.

MSc. Edison A. Almachi
ENGLISH TEACHER
REG. 1027-2017-1800118

M.Sc. Edison Alejandro Álmachi M.
ENGLISH PROFESSOR/TRANSLATOR
ID 1713981817

INTRODUCCIÓN

Se han realizado varias investigaciones de los tipos de hormigón en diferentes regiones según las condiciones geográficas dónde se establecen las comunidades, las construcciones se fabrican según los materiales con que se cuentan en los lugares cercanos y no todos son de buenas condiciones para la construcción, pero, a la necesidad económica, de transporte y otros factores sociales; las personas ocupan lo que disponen a la medida de sus posibilidades, adicionalmente se ocupa un tipo de cemento de acuerdo al tipo de compuestos que contienen el ripio, arena y el agua, en otras circunstancias se añade un aditivo para mejorar aspectos requeridos de acuerdo a la construcción.

Debemos considerar los problemas de movimientos telúricos que tenemos en la región, principalmente en el perfil costanero que se encuentra en un peligro sísmico muy alto como informa la norma NEC(Normas Ecuatorianas de Construcción), en nuestro litoral se caracteriza por estar en un zona sísmica nivel VI, con el que podemos colegir que no se sabe con certeza cuándo ocurrirá un temblor o terremoto, algún momento volverá a ocurrir y para mitigar desgracias, se debe tener construcciones de calidad para minimizar el deterioro de estás y mucho menos el derrumbe.

Los factores para analizar para medir la calidad del hormigón en la presente investigación son: el agua, el ripio, la arena, los tiempos de curado y el cemento Holcim tipo Gu; todos estos materiales excepto el cemento se obtienen en el Cantón Pedernales provincia de Manabí(anexo 6). Cabe señalar que se seleccionó el cemento Holcim Gu(anexo 5), por la apertura que la empresa brindó para la investigación y teniendo en consideración que es una de las empresas líderes en la distribución de cementos en el Ecuador, como explica este artículo, "En el mercado local, la multinacional Holcim es líder en este segmento. La compañía suiza tiene, en el mercado ecuatoriano, una participación del 66%, según datos del Instituto Ecuatoriano del Cemento y del Hormigón." (REVISTA LÍDERES, 2020)

1 PLAN DEL PROYECTO

1.1 Justificación

A partir del terremoto del 16 de abril de 2016 que afectó a la Provincia de Manabí y parte de la Provincia de Esmeraldas, observamos una serie de inconvenientes que surgieron por la mala edificación de viviendas, edificios, vías, etc. Las consecuencias de la las malogradas construcciones se pudo evidenciar por el desplome de estás o las fisuras que tuvieron por los sismos ocurridos en el mencionado terremoto, debemos considerar que el riesgo sigue por la zona sísmica en la que se encuentra la población, como explica la tabla I, en la que la zona del litoral ecuatoriano se encuentra en zona VI, de amenaza sísmica muy alta, establecida en las NEC (Normas Ecuatorianas de Construcción), luego de un tiempo y la evaluación de las construcciones fueron derrocadas con pérdidas económicas importantes.

Tabla 1

Valores del factor Z en función de la zona adoptada

Zona sísmica	I	II	III	IV	V	VI
Valor factor Z	0.15	0.25	0.30	0.35	0.40	≥0.50
Características del peligro sísmico	Intermedia	Alta	Alta	Alta	Alta	Muy Alta

Nota. Información tomada del Ministerio de Desarrollo Urbano y Vivienda.

Esto también contribuyó a la lamentable pérdida de vidas humanas y una cifra considerables de personas heridas. Es relevante conocer las causas de la baja calidad de las construcciones, principalmente en viviendas y edificaciones, destinadas albergar personas, ya sea para vivir o laborar, siendo así un potencial riesgo como se puede identificar claramente en el mapa de la zona sísmica(ver tabla 1), por causa de desastres naturales como los terremotos, es probable que vuelvan a ocurrir y con consecuencias fatales. Es por eso la importancia de saber con qué tipo de materiales se cuenta para construir proyectos constructivos seguros, adecuados para el desarrollo urbano y social.

Figura 1

Mapa de zonificación sísmica

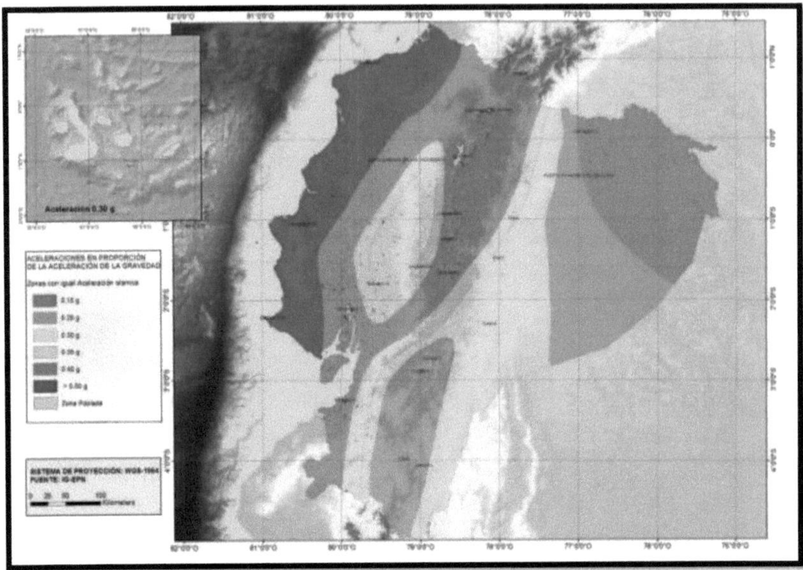

Nota. Información tomada del Ministerio de Desarrollo Urbano y Vivienda.

La siguiente investigación nos permitirá saber si los principales tipos de hormigones sencillos que se realizan por las personas del cantón de Pedernales, son de una calidad aceptable y si los materiales son los adecuados en el uso de las viviendas, lo ideal sería cumplir con las NEC (Normas Ecuatorianas de Construcción) y también las INEN (Instituto Nacional Ecuatoriano de Normalización), regularmente en las construcciones se tiene la informalidad, en el Cantón Pedernales no es la excepción, así explica el Director de Obras Públicas del Gad Municipal de Pedernales, Xavier Loor, "Existen construcciones mal hechas, por razones económicas principalmente y luego los materiales que se encuentran en el Cantón, en su mayoría no son de buena calidad, es por eso que muchas veces, se los trae de otros lugares", se debe considerar muy en serio la seguridad de las construcciones, para esto es fundamental mejorar la resistencia del hormigón y saber la calidad de los materiales que lo componen: el agua, el ripio, la arena, tiempos de curado y el cemento.

Una de las formas para comprobar la calidad del hormigón, es por la resistencia a la compresión axial simple, se toma de muestras moldeadas de las mezclas (cilindros) y posteriormente comprimirlos a ciertos días de curado. Con la información que proporcionará el diseño experimental, dará mayores recursos teóricos para la implementación en las obras civiles y evitar futuros inconvenientes por fallas estructurales en construcciones terminadas en el sector, ver la contribución de los agregados por medio de las interacciones del agua, el ripio y la arena.

1.2 Planteamiento del problema

El hormigón que regularmente se hace en el Cantón Pedernales incumplen con la resistencia necesaria en sus construcciones, esto debido a las características que tienen los materiales para las mezclas de hormigón, obtenidos cerca de su localidad para sus obras: agua, ripio y arena; son diferentes en la calidad y afecta finalmente a las estructuras, al ser expuestos a movimientos telúricos o terremotos, como lo ocurrido el 16 de abril de 2016, en la que sus edificaciones tuvieron fisuras y fueron derrocadas, de igual manera que algunas viviendas quedaron inhabitables sufriendo pérdidas humanas y económicas.

1.3 Hipótesis

- Existe diferencia significativa en la calidad media del hormigón debido a los factores e interacciones de los agregados: agua, ripio, arena y tiempos de curado; calidad medida a través de la resistencia a la compresión axial simple de los cilindros.
- Existe mejor calidad de hormigón con la mezcla de los agregados: agua potable, ripio de cantera y arena de cantera, a mayor tiempo de curado; calidad medida a través de la resistencia a la compresión axial simple de los cilindros.

1.4 Objetivos

1.4.1 General

Analizar la incidencia de los materiales: agua, ripio y arena en diferentes tiempos de curado, manteniendo constante un mismo tipo de cemento, en la calidad del hormigón, medida a través de la resistencia a la compresión axial simple de los cilindros, utilizando los agregados del Cantón Pedernales, Provincia de Manabí, en el Ecuador en el año 2020.

1.4.2 Específicos

- Analizar teóricamente la calidad de los materiales en la construcción utilizados para la obtención de hormigones en el cantón Pedernales.
- Determinar el efecto de los factores e interacciones de los materiales: agua, ripio, arena y tiempos de curado en la calidad del hormigón, medida a través de la resistencia a la compresión axial simple de los cilindros.
- Evaluar la calidad de los hormigones obtenidos a partir del uso de dos niveles de: agua, ripio, arena y tiempos de curado; manteniendo constante en todas las mezclas el cemento Holcim tipo Gu.

1.5 Delimitación espacial y temporal

Los materiales que se utilizará en la investigación son del cantón Pedernales, Provincia de Manabí, provenientes de cantera y río, el agua se tomará del río Coaques y el agua potable de consumo masivo, durante el segundo semestre del año 2020.

1.6 Alcance

En la investigación se aplicará un análisis factorial 2^4, para ver la incidencia de los factores: agua, arena, ripio y tiempos de curado; en la calidad del hormigón, del Cantón Pedernales, Provincia de Manabí en el año 2020.

La información se recolectará por medio de la elaboración de hormigón con agua: potable(a1) y río(a2), ripio: cantera(b1) y río(b2); arena: cantera(c1) y río(c2); tiempos de curado: 7 días(d1) y 28 días(d2); con el cemento Holcim tipo Gu como factor constante, obteniendo así 16 mezclas o tratamientos, con dos réplicas cada uno, posteriormente se tomará registro de 32 resistencias a la compresión axial simple de los cilindros de hormigón moldeados de 100mm por 200mm, con la colaboración del Gad Cantonal de Pedernales y la Plata San Eduardo de la Empresa Holcim ubicada en la ciudad de Guayaquil.

Tener conocimiento de la importancia del hormigón en las construcciones es fundamental para salvaguardar la vida de las personas y su economía de igual manera ante cualquier siniestro, los factores que influyen en la calidad del hormigón determina estructuras eficientes para soportar embates de la naturaleza como terremotos, al momento de identificar cuáles son los factores que inciden en el hormigón, se podrá tener acciones de información para prevenir a la comunidad y darle importancia en realizar hormigones de calidad, con los mejores materiales en el Cantón Pedernales.

1.7 Estructura de la investigación

Cuerpo de la tesis:

- Capítulo I: Justificación, planteamiento del problema, hipótesis y objetivos.
- Capítulo II: Estructuras que utilizan hormigón en el Ecuador, sus materiales y los posible problemas por falta de calidad en la construcción.
- Capítulo II: Método, enfoque de la investigación, fuente de la información, profundidad y técnicas de la investigación.
- Capítulo IV: Verificación de los supuestos de modelización, demostración de objetivos y prueba de hipótesis.
- Capítulo V: Conclusiones de la investigación a partir de los resultados obtenidos.
- Bibliografía: Consultas referenciadas

- Anexos: Información que no se encuentra en el cuerpo del proyecto de investigación.

2 MARCO TEÓRICO

La contribución teórica nos facilitará la comprensión del fenómeno, acerca de cómo se emplea los materiales de construcción, en que afecta en el desarrollo de las comunidades y su entorno, de esto encontraremos una explicación lógica de su proceder ante las circunstancias que rodean al momento de construir, sean estas económicas y sociales.

2.1 La importancia de las construcciones civiles en la sociedad

El desempeño de la vida de los seres humanos desde hace miles de millones de años, desde el tiempo de las cavernas, ha tenido la necesidad de refugiarse dentro de un lugar específico para el desarrollo de su vida, como también en la economía, es indudable pensar que al mayor crecimiento de los recursos, mejor calidad de vida y de vivienda, esto con el pasar del tiempo se ha actualizado juntamente con la tecnología y las exigencias de cada uno de los pueblos, concretamente las ciudades son construidas de hormigón y hierro de esto depende mucho las estructuras y su durabilidad, sus cambios son notables como explica OVACEN en este artículo:

> La historia de la vivienda ha variado drásticamente a lo largo del tiempo y los grados de dificultad; tamaño, materiales, altura, diseño, tipos...etc. Desde las cuevas de nuestros ancestros cavernícolas o las casas hechas de paja y tierra con una duración de más de cien años, hasta la primera casa imprimida en 3D en su totalidad. (OVACEN, 2016)

Los pueblos antiguos se establecían en las inmediaciones de los ríos o dónde exista agua principalmente cerca de sus viviendas, adicionalmente si se pueden encontrar materiales para poder trabajar y dedicarse a la obtención de alimentos, la agricultura, etc.

Para el diseño de las construcciones de viviendas, buscaban lo que el sitio les ofrecía, como la misma tierra para dar forma a bloques o elementos que permitan la formación de paredes y techos, que regularmente se encuentran de forma fácil o de accesibilidad de acuerdo con el asentamiento de la comunidad y sus respectivos hogares como explica OVACEN refiriéndose a la Arquitectura y los materiales autóctonos:

> Entre ellos, el más difundido en las zonas tibias y cálidas ha sido la tierra, que se puede emplear cruda para fabricar adobes y tapiales, o bien cocida en forma de ladrillos. El adobe se compone de barro y paja, aglutinados por bloques edificantes que se secan al sol. (OVACEN, 2016)

Ante el pasar del tiempo y los desastres naturales, estos que no son predecibles pero sus consecuencias pueden ser nefastas para la vida en dónde se desenvuelve varias personas. Por eso se trata de cada vez más asegurar el bienestar de las comunidades fabricando mejores elementos para dar eficiencia a las construcciones, la exigencia de las normas constructivas como la misma competitividad, hacen que las empresas que produzcan materiales de construcción más innovadores, mejores acabados y de mayor durabilidad.

Las obras civiles regularmente se hace de acuerdo con las necesidades, y estás están estrechamente relacionadas con la economía de dónde se desarrollan las comunidades, estás pueden estar ubicadas en zonas de riesgo, en el lugar que se encuentra situado su actividad ya sea de vivienda o de trabajo, siempre se puede estar expuesto a un accidente o desgracia por consecuencia de fallas en el hormigón, esto se puede explicar por varias razones como por ejemplo: mal hechas en su estructura, por la mala calidad de sus materiales o por afectaciones debido a fallas geológicas que obligó a daños en el hormigón, peor aún, derrumbes de las edificaciones por malos cimientos o establecerse en lugares que están prohibidos, ante esto siempre tiene que prevalecer el bienestar humano y por ende tener construcciones seguras y bien hechas.

El desarrollo de las sociedades ha dependido del ingenio, de la creatividad y su función para desenvolver actividades cotidianas, mejorar la calidad del diario vivir de los seres humanos, unir las comunidades para compartir culturas, dinamizar la economía a través de caminos y puentes, guardar sus mercancías en galpones y bodegas, todo ha sido para el beneficio del hombre y entre más exigencias, mayores soluciones en mejorar su calidad de vida. Para esto existen dos ramas que hacen realidad los proyectos constructivos desde dos panoramas diferentes como es la realización que se encarga la Ingeniería Civil y el diseño que es la Arquitectura, la evolución de estás dos ramas ha permitido estructuras de gran envergadura, juntamente con la estética, la belleza estructural de las mismas, las personas se sienten satisfechas de tener comodidad y seguridad en dónde habitan y trabajan por la eficacia de estas obras civiles.

2.2 Tipos de viviendas y edificaciones en el Ecuador

Existen varios aspectos para el diseño de una construcción en general, las motivaciones de está permite saber el destino de dicha creación de obra civil, si bien sabemos que debemos tomar en consideración como primer paso para que se desarrolle el proyecto constructivo y luego realizarlo, teniendo un presupuesto, de costos y gastos en la ejecución, ahí si se pueden generar inconvenientes pudiendo ser en donde se ubica la estructura, y el diseño que se desea, puesto que no todos los suelos donde se asientan las edificación son iguales, los materiales que se requiere no están disponibles en el sector, el transporte de los materiales es de alto costo, de difícil transporte o ambas, se crean varias incertidumbres al momento de realizar el proyecto. Ahora bien, empezaremos pensando en lo más básico a construir, la vivienda, es algo fundamental para el hogar y lo clasificaremos según la región en donde se encuentren las personas, lo regular es que tomarán los materiales cercanos a ellos por las condiciones sociales o económicas.

2.2.1 Región Costa

Está es una región calurosa, cálida, con altas temperaturas, rodeadas de ríos y limitando regularmente con el Océano Pacífico, en la página web de El Diario (2015) explica que "En la Costa en el medio rural la vivienda es de madera, caña guadua y techo de cadi, en la ciudad, la vivienda se construye según la condición económica de la familia, hay viviendas de madera, caña y cadi" de igual forma existe viviendas de hormigón dependiendo las condiciones económicas y el tamaño de la estructura. Sabemos también que en esta parte del país es bien apetecida por los turistas nacionales y extranjeros, tanto por su gastronomía, sus playas para bañarse y refrescarse, para practicar deportes extremos y bucear en el mar. Recibe a cientos de miles de personas de todas parte y está compuesta de muchos hoteles para albergar cantidades importantes de personas.

2.2.2 Región Sierra

La mayor parte está compuesta por un clima cálido – frío, de bajas temperaturas y sus estructuras son en su mayoría de ladrillo y bloque, pero algunas viviendas antiguas son hechas de barro, tal como nos explica la página web El Diario (2015), "En la Sierra a inicios del siglo XX había muchas viviendas tradicionales hechas con bloques de arcilla, con diferentes formas, las rurales generalmente eran circulares, las citadinas eran mixtas, madera y bloques de arcilla, tejas de arcilla".

Se puede decir que, en esta parte de la región, existe una hegemonía en las construcciones, por tanto, se tiene identificado cuales son los materiales que componen regularmente las viviendas y edificaciones, en donde también se alberga parte importante de personas, como nos explica Andrea Miranda y Johanna Sánchez, en su investigación:

> Estudios realizados en años anteriores por ENDEMAIN 2004 [12], indican que en el Ecuador un 68% de las viviendas en el país son catalogados como casa o villa, el 14% como departamento y el restante 18% conformado por mediagua, cuarto de inquilinato, rancho, choza y de otro tipo. (Miranda A., Sánchez J., 2013)

actualmente se deduce que aumentarían estás cifras en favor de que las viviendas son casas o villas, de igual forma el material predominante son de bloques y ladrillos, esto tiene su explicación debido a una estabilidad económica entre el 2006 y 2010, en la que la afectación fue mínima en el sector de la construcción y otros factores que colaboran al desarrollo social.

2.2.3 Región Amazónica

Casi parecida a la costa, se tiene un clima cálido-húmedo, de igual forma sus viviendas en su gran mayoría son ligeras, materiales que se encuentra fácilmente en sus inmediaciones, más sin embargo explica en la página web El Diario (2015), "A medida que se fueron urbanizando los territorios y se fueron creando ciudades y éstas fueron creciendo, las viviendas se fueron modernizando y en la actualidad en las ciudades orientales tenemos construcción tipo costa de hormigón armado".

Igual son comunidades muy apetecidas por el turismo nacional e internacional, se reciben cantidades importantes de personas, y sus construcciones tienen componentes mixtos, tanto en hormigón, caña y madera.

2.3 Materiales predominantes de las viviendas en el Ecuador

Para diversos estudios demográficos o censos se debe tener en consideración la información de la vivienda dónde viven personas que conforman un hogar o en edificaciones grandes que habitan varios hogares, por lo general se observa en la zonas urbanas por una mayor cantidad de pobladores, entonces, se tiene registrado las condiciones de las construcciones y materiales que resaltan, como nos explica el INEC con la siguiente información del Censo de Población y Vivienda del 2010, que se recolecto en sus formularios.

2.3.1 Materiales regulares que componen las viviendas

Por el transcurso del tiempo se observan diferentes tipos de construcciones, que algunas todavía se mantienen por motivos patrimoniales o por condiciones económicas escazas de los propietarios de estas viviendas, tampoco se puede dejar a un lado la parte cultural o las condiciones climáticas dónde se vive, los gustos y comodidad de los propietarios prevalece para mantenerlas antiguas, por ello se tiene diversos materiales como explica el INEC en el siguiente glosario:

> Duela, parquet, tablón o piso flotante: Corresponde a los pisos elaborados ya sea con listones, madera pulida o alfombra que se unen o ensamblan uno junto al otro y que según el caso han pasado por un proceso de cepillado y pulimiento.
> Tabla sin tratar: Son pisos elaborados con tablas sin pulir. Madera burda, por lo general sobre vigas.
> Cerámica, baldosa, vinil o mármol: La baldosa es elaborada en cemento, arena y tinturas aplicadas en su cara visible. El vinyl es una baldosa elaborada con materiales sintéticos parecidos al caucho. El mármol o marmetón corresponde a los pisos construidos en mármol, cuya masa es compacta y cristalina y tiene manchas y vetas.
> Ladrillo o cemento: Corresponde a los pisos construidos en cemento preparado. Incluye los pisos o placas de concreto/cemento sin cubrir.
> Caña: Son los pisos recubiertos con material vegetal de estas plantas o especies. Clasifique en esta categoría los pisos cubiertos con cualquier otro material vegetal.
> Tierra: Pisos en tierra son los que no tienen ningún recubrimiento. (INEC, 2010)

También la zona en donde está ubicada la vivienda influye, es decir si es en una zona urbana o rural, en la urbana indudablemente predomina el ladrillo y el bloque, cimentadas con hormigón, que también son estructuras grandes, es decir más de tres pisos.

2.4 Los agregados y la importancia en el hormigón

El concreto es un símil del hormigón, los agregados definen en gran parte su resistencia, se debe tener en consideración la diversa gama de agregados finos y gruesos, para mejor comprensión, arena y ripio, los tamaños caracterizan a estos materiales de construcción, sus componentes físicos y químicos son fundamentales. La influencia de los agregados hormigón es relevante, se tiene que realizar varias pruebas para evaluar su calidad, esto depende de la funcionalidad que se requiere en la obra civil, en primer lugar, en segundo lugar, la fabricación del hormigón cuando se realiza su diseño y preparación, pero hay otros factores que se debe tomar en cuenta como se menciona en el artículo de la revista *360 en concreto* sobre la utilización de los materiales:

> El uso de agregados en el concreto tiene como objetivo reducir los costos en la producción de la mezcla (relleno adecuado para la mezcla, ya que reduce el contenido de pasta de cemento por metro cúbico), ayudar a controlar los cambios volumétricos (cambios de volumen resultantes de los procesos de fraguado, de curado y secado de la mezcla de concreto) y aportar a la resistencia final del material.
> Es un material que tiene una participación entre el 65% y el 70% del total de la mezcla de concreto. (Argos, 2020)

entonces, observamos la necesidad de tener un buen uso tanto como por gastos como por obtener una buena mezcla y posteriormente un concreto de excelentes características, también esto incluye el no sobredimensionar el hormigón, es decir, hacer hormigones de alta resistencia en dónde la obra civil no lo requiere, y esto implica mayores gastos, o al contrario, obtener un hormigón de baja resistencia, por el hecho de no incurrir en mayores gastos, lo ideal que se debe tratar de llegar a un equilibrio, es decir, realizar un presupuesto acorde con la planificación de lo que se quiere construir, los alcances que tiene el proyecto y las visiones a futuro, por ejemplo el aumento de número de pisos en una estructura en años posteriores, un hormigón de acuerdo a las necesidades, trabajabilidad de acuerdo con la obra, como se afirma en la revista *360 en concreto*:

> …aunque la forma y textura de los agregados gruesos también influye en dicha relación, se afecta en mayor medida la resistencia a través de la relación adherencia agregado/pasta de cemento.
> Existe un límite en el contenido de agregados gruesos dado por la trabajabilidad del concreto. Si la cantidad de agregados gruesos es excesiva, ocurrirá el fenómeno de segregación. De la misma forma los agregados finos deben estar dosificados de forma tal que permitan una buena trabajabilidad y brinden cohesión a la mezcla, pero a la vez no deben estar en exceso porque perjudicarían la manejabilidad y la resistencia del concreto. (Argos, 2020)

En este punto es importante, saber que existe una fundamentación científica y teórica de realizar un hormigón preciso para las condiciones que se tiene por los principales factores que intervienen: agua, ripio, arena y cemento. También hay una diversidad de aditivos para ciertas circunstancias de construcción, pero, usualmente en las mezclas de hormigón no se usan por incurrir en costos u otros motivos, esencialmente se puede realizar diseños de hormigón, ensayos de laboratorio para verificar el cumplimiento de normas establecidas por cada país de los agregados que se usan en obras civiles, el realizar pruebas en los materiales, permite calcular las dosificaciones necesarias para la fabricación del hormigón y la resistencia que se desea tener tanto en el laboratorio como en las obras de campo, cabe recalcar que esto obviamente tiene un costo, indiferentemente de cada laboratorio que dispone de los servicios, esto es lo más recomendables al momento de la planificación de un proyecto constructivo, permite mayores certezas para obtener una calidad eficiente del hormigón.

2.5 Clasificación de los agregados

Los agregados finos y gruesos(arena y ripio), son de forma irregular geométricamente, sus características físicas como su peso o tamaño son aleatorias, no tienen un patrón definido, son formas redondeadas y otras tienen angulares, pueden ser:

1. Angulares: sus bordes tienen definiciones claras y está formado por la intersección de sus caras (planas), son rígidas y no tienen señas de tener desgaste.
2. Sub angulares: Tienen caras intactas, pero con señas de desgaste.
3. Sub redondeadas: Tienen señas de desgaste, son planas y angulares.
4. Redondeadas: Son las de río, formas redondas y sin desgaste.

Según la textura superficial pueden ser:

1. Lisa
2. Áspera
3. Granular
4. Vítrea
5. Cristalina

Se los clasifica por su naturaleza, partiendo de su tamaño regular en los que se diferencia unos de los otros, estos son de uso frecuente que se encuentra en canteras o ríos, de los cuales son dos tipos:

2.5.1 Agregado grueso

Es la piedra desintegrada o triturada, también pueden ser rocas que retienen el tamiz Nro. 4, vulgarmente se la llama piedra o ripio por parte de los operadores de construcción, es fácil de identificar, porque es perceptible a simple vista.

2.5.2 Agregado fino

Es comúnmente llamado como polvo o arena, es por el tamaño, es el material que pasa por el tamiz Nro. 3/8 y lo que retiene el tamiz Nro. 200. El más común de estos es la arena, proviene del desgaste de las rocas por eso su partículas son finas.

2.6 Calidad de los agregados y el agua en la construcción en el Ecuador

Los agregados que se encuentran en los perfiles costeros del Ecuador no contribuyen mucho con la calidad, por su contenido orgánico o de sal, no es recomendable para la obtención de un buen hormigón, esto tampoco implica que en la región Sierra como en la región Amazónica también tengan mejores o peores agregados, sin duda se debe contar con otros aspectos o factores externos que no dejan de ser importantes como: el estado que se encuentra el material (húmedo o seco), el tamaño del material (su triturado), la forma en que se transportó, condiciones climáticas, contenido orgánico y la contaminación de estos. Existen características generales para definir si es un buen agregado fino o grueso, consecuentemente es por su desgaste, color, densidad, etc.

2.6.1 Características de un buen agregado grueso

Se tomará el tipo de agregado grueso adecuado que más adelante se detalla y la resistencia que se desea, como nos indica el blog El concreto (2009), "Teniendo en cuenta que el concreto es una piedra artificial, el agregado grueso es la materia prima para fabricar el concreto. En consecuencia, se debe usar la mayor cantidad posible y del tamaño mayor". El agregado ocupa entre el 70% al 80% del hormigón, para elegir el mejor agregado grueso debemos tomar en cuenta estas características:

- Contenido orgánico nulo, y si tiene partículas finas, deben estar entre el 1% y el 3%, para no afectar la adherencia en el hormigón.
- Condiciones de tamaño, de las cuales requiere el elemento estructural.
- Buena gradación, como explica el blog elconcreto, "...tamaños intermedios, la falta de dos o más tamaños sucesivos puede producir problemas de segregación".
- Una densidad entre 2,3 y 2,9 gr/cm², a mayor densidad, mejor calidad de absorción.
- El desgaste del agregado grueso en el ensayo de abrasión, en la máquina de los ángeles, permite estimar el efecto perjudicial por la alteración de los materiales, que no debe ser superior al 35% del peso del material ingresado en el tambor.
- Porosidad nula, puesto esto significa que el material puede triturarse o a la vez generar vacíos y esto genera resistencias bajas.
- Los agregados con partículas redondeadas o cúbicas son las más adecuadas porque se pueden acomodar de mejor forma a la mezcla y consumen menos cemento.

2.6.2 Características de un buen agregado fino

Actúa como relleno en el concreto, ayuda al deslizamiento de la pasta en acción con el agua y el cemento, para una mayor manejabilidad. Para elegir el mejor agregado fino debemos tomar en cuenta estas características:

- Contenido orgánico nulo, debe ser una arena que este lo más limpia posible.
- Colorimetría lo más transparente posible, sino es así, se la puede lavar para tratar de deshacer los contenidos orgánicos, estos afectan al fraguado y las resistencia.
- Contenido salino nulo o muy bajo.
- Buena gradación, para mejor llenado de espacios y mezclas bien compactadas.

2.6.3 Características de una buena calidad del agua

Como se ha mencionado en los agregados, tratamos de reducir al máximo las impurezas, algunas de las cuales podemos quitar con el lavado de los materiales, se realiza esto con agua potable, y para hacer un hormigón de calidad es recomendables el agua potable, pero se puede realizar con agua de río, el inconveniente de este es cuán contaminado está o las impurezas que contenga, su utilidad depende de esto. El agua de mar definitivamente no es recomendable para ningún hormigón, no beneficia a la resistencia y obviamente tiene contenido de sal alto.

2.7 Costos y su influencia en la construcción en la provincia de Manabí

Es un hecho que las necesidades son ilimitadas y los recursos escasos, uno de los principios en economía, la desigualdad social tampoco exime de la ignorancia en aspectos de gastos o inversión en construcciones de calidad, refiriéndose a las decisiones que se debe tomar, tener en cuenta varios factores que pueden ser descuidados tanto por los dueños de las edificaciones como las autoridades que emiten los permisos, los últimos tienen un costo y por evadirlos se pasa por alto normas técnicas y peor aún en zonas de alto riesgo en donde no se debe edificar ninguna obra civil, sin embargo hay una consideración que nos señala Andrea Miranda y Johanna Sánchez sobre las viviendas en esta provincia,

> A nivel de provincia existe un predominio de casas o villas, aunque con niveles diferenciados entre ellas, Manabí, Azuay, Loja y Bolívar alcanzan porcentajes que sobrepasan el 80% y el resto de las provincias tienen valores que van desde el 47% al 76%. (Miranda A., Sánchez J., 2013)

con respecto a la parte de la planificación de un proyecto constructivo, como todos, se realiza un presupuesto de acuerdo con lo que se tiene ahorrado o destinado para la construcción, para su factibilidad, el inconveniente primario es ¿Dónde obtengo los materiales?, tenemos varias alternativas, pero surge otro inconveniente, ¿Qué es un gasto importante?; el transporte, la mina de dónde se extrae el material, su distancia eleva el costo o lo reduce, lo importante son las condiciones en las que se encuentra y si cumple con las normas INEN y NEC. Los presupuestos se alteran al momento de pensar que es lo mejor.

En el cantón se tiene material disponible pero no el óptimo en la mayoría de los casos (por el costo), entonces se recurre a lo que alcanza a la economía popular y se realiza las construcciones con material disponible, en lo posible el más económico y ahorrando en lo que se pueda. El cemento tiene su relevancia en la mezcla de los agregados y también en el costo monetario, la calidad debe importar, sino se pone atención en esto, el costo humanitario es irrecuperable y el económico será una consecuencia peor que en el principio, como se vio las consecuencias de aquel fatídico terremoto del 2016, en el que se tuvo varias pérdidas humanas, económicas y sociales. Consecuentemente el sector hotelero en Pedernales, Manta y Portoviejo, fueron afectados por este desastre como informó en un artículo de El Comercio,

> Un total de 42 establecimientos hoteleros colapsaron por completo luego del terremoto del pasado 16 de abril. Así lo informa el reporte número 28 de la Secretaría de Gestión de Riesgos (SGR), publicado a las 08:30 de este miércoles 20 de abril del 2016." (EL COMERCIO, 2016)

esto también dejó desempleado a 229 personas que trabajaban en hoteles, hosterías, restaurante y bares. El turismo decayó por el temor de la presencia de nuevas réplicas sísmicas en la parte costera de Manabí y Esmeraldas, sin contar también que las ciudades y las poblaciones quedaron sin tener dónde recibir ni atender a los turistas.

2.7.1 Costos de diseños de hormigón

La mayoría de las personas sabemos que en la construcción entran materiales como la madera, bloques, agua, ripio, arena y cemento; lo que es más común, en cambio pocas saben que no todos los materiales son ideales para la construcción y tienen que pasar por una serie de procedimientos para la aprobación de los agregados a emplearse, el agua que se ocupa para la mezcla, una serie de aspectos que se desconoce, pero que ya se deduce que tiene un costo. Lo que es recomendable para realizar una mezcla eficiente en una obra civil, es hacer un *Diseño de Hormigones,* que quiere decir realizar los ensayos necesarios para que los materiales que se utilizan en la construcción sean de buena calidad, estos diseños se los realizan en varias Universidades del Ecuador, como es la Universidad Central del Ecuador, en la Facultad de Ingeniería Civil, en el Laboratorio de Ensayo de Materiales y Modelos, El costo va entre 260 a 400 dólares. Esto sin contar con el traslado de los materiales a los laboratorios y los materiales que se requiere para los ensayos.

2.7.2 Costos profesionales

Estos costos los regula el mercado, como sabemos el que realiza la estructura de la vivienda en este caso particular, es el Ingeniero Civil, y el diseño lo realiza el Arquitecto, profesionales calificados, su remuneración varía de acuerdo con la dimensión de cada proyecto, pero puede estar en un rango de 2000 a 3000 dólares mensuales, en todo el país, ellos se encargan de realizar usualmente el:

- Diseño arquitectónico
- Diseño estructural
- Diseño eléctrico
- Diseños sanitario
- Topografía
- Estudio de Suelos

Procesos importantes en la construcción, pero en la provincia de Manabí no se lo realiza, en primer lugar, por el factor económico y en segundo lugar porque no es un requisito para la aprobación de la construcción, finalmente no se lo hace porque la gente lo desconoce o no quiere incurrir en mayores gastos.

Generalmente se le encarga la realización de la estructura y de la vivienda de una familia en Pedernales, a una persona no profesional denominado "Maestro mayor", quién por su experiencia en el campo de la construcción, es designado para dicho trabajo, con un importante grado de confianza por la comunidad, para dirigir, hacer, supervisar y controlar; viviendas de bajo nivel, es decir menores de tres pisos.

2.8 Hormigón simple o usual

Este es el típico hormigón que se usa en las construcciones de viviendas y proyectos constructivos de bajo nivel, aquí se usa una dosificación corriente, para no incurrir en un gasto de diseño de hormigón, y que regularmente cumple con la trabajabilidad en campo tanto con la resistencia al momento de fraguar y endurecer, obviamente en estos casos tampoco se recoge cilindros moldeados o también llamados testigos, del hormigón que se aplicó en la construcción, menos aún comprobar que resistencia tiene el elemento estructural. Pero existe alternativas que pueden ser tomadas en cuenta, de las que está investigación quiere aportar con el diseño experimental, identificando los elementos que influyen en la calidad del hormigón.

2.8.1 Dosificación para un hormigón simple o usual

Existen empresas dedicadas en aportar con las comunidades para hacer su vida más fácil, en temas de construcción, Holcim ha publicado un video, en el cual nos muestra una dosificación sencilla, con las cantidades necesarias para la preparación de hormigón, tomando los siguientes materiales: agua, ripio, arena y cemento. La dosificación recomendada se lo puede revisar en el video de la empresa Holcim (2015) denominado: ¿Cómo preparar hormigón correctamente con cemento Holcim?; hormigón para: plintos, riostras, columnas, muros, vigas y losas.

La dosificación es la siguiente:

- Cemento Holcim Gu 1 saco de 50kg representada en la Figura 2.
- Agua (Tipo a1 y a2) 25 litros representada en la Figura 3.
- Arena seca y limpia 2 parihuelas al ras (Tipo c1 y c2) representada en la Figura 4.
- Ripio seco y limpio 2.5 parihuelas al ras (Tipo b1 y b2) representada en la Figura 5.

Figura 2

Cemento Holcim tipo Gu

Nota. Fuente página web empresa Holcim.

Figura 3

Recipiente con medida en litros

Nota. Fuente página web empresa Holcim.

Figura 4

Parihuela con arena medida

Nota. Recipiente de madera con arena.

Figura 5

Parihuela con ripio medido

Nota. Recipiente de madera con ripio.

La preparación del hormigón se hace en una concretera limpia o en una mezcladora de laboratorio (ver figura 6), el momento que se la enciende verificamos su funcionalidad, comenzamos a agregar los materiales, primero la parihuela de ripio, en segundo lugar, el agua, la mitad del balde de 25 litros, en tercer lugar, agregamos el cemento, dejamos mezclar por medio minuto, finalmente la arena y el resto de agua, dejamos mezclar por tres minutos.

Figura 6

Concretera de 50Kg de capacidad, con el operador

Nota. Operador de la Empresa Holcim, vestido con normas de seguridad.

Debemos tener precauciones en la manipulación de la máquina y el momento de ingresar los materiales, no puede haber desperdicio, si esto pasa se altera el hormigón y por ende el experimento, el video de Holcim nos señala estos errores usuales como no utilizar las medidas correctas de la parihuela, al momento de colocar poner el cemento con todo y empaque, añadir más agua en la mezcla, colocar en desorden los materiales o todos al mismo tiempo y no cumplir con los tiempos de mezclado necesarios.

2.9 El cemento y la importancia en el hormigón

El cemento se utilizó en las construcciones desde la época antigua hasta la actualidad, pasando por una serie de cambios y mejoras, igual que la tecnología para hacerlos, es la que da forma a la pasta, los agregados junto con la cantidad de agua necesaria para hidratar al hormigón, es importante hablar del cemento porque se usa en la mayoría de los hormigones. Los principales empresas según un artículo de la revista Líderes, en la que en primer lugar se encuentran la empresa Holcim con una participación en el mercado del 66% del mercado ecuatoriano, en segundo lugar, Lafarge(Selva Alegre) la empresa que tiene el 21% del mercado, le sigue la empresa Armaduro con un 10% de participación en el mercado y el resto conforman empresas como Cementos Chimborazo y Unión Cementera Nacional, entre otras minoristas.

2.9.1 El cemento en la resistencia del hormigón

Desde hace tiempo se han realizado estudios sobre la importancia del cemento, los avances en la tecnificación de los equipos y las moliendas de los materiales aportan para la obtención de la homogeneidad del cemento, por eso se trata de tener la menor variabilidad en cada saco de cemento, así cumplir con las especificaciones y normas, se necesita llegar a ese objetivo como nos dice Núñez lo que sucede sino cumple las condiciones:

> Esta falta de uniformidad en el cemento portland es una causa importante para no conseguir resistencias uniformes en el hormigón. Sin embargo, en muchos casos, no es tenida en cuenta en todo su significado por los técnicos encargados del proyecto y control de obras de hormigón. (Núñez, 1972)

sí lo anterior expuesto no se cumple, como consecuencia de ello tenemos problemas con el hormigón realizado, influye en la resistencia de este, tanto así que es recomendable usar el cemento de la misma marca, de la misma fábrica y del tipo que se usó desde el principio, no debemos tampoco descartas los otros materiales que influyen en las mezclas, parece ser detalles mínimos o que se los puede dejar de lado, pero en realidad no es así y es mejor tener las precauciones del caso.

2.9.2 Madurez del hormigón

Se refiere al tiempo de curado, permanecer en la cámara de humedad (un cuarto con aspersores de agua) o sumergido en agua dentro de un tanque (ver Figura 7), es una relación de temperatura, el tiempo del hormigón, y su resistencia, se tiene por entendido que el hormigón ganará su resistencia si permanece determinado tiempo sumergido en agua, en este lapso las partículas que estén secas terminaran por hidratarse, en el estado de curado permanecen las muestras de hormigón en una cámara de humedad o sumergidas en tanques de agua, en obra se puede ver que en las losas regularmente se las hidrata mediante esparcimiento de agua por una manguera o por baldes de agua, como en las muestras, también ayuda esto a mejorar la resistencia, con esto se puede llegar avanzar en algunos aspectos constructivos como indica Gonzáles en su libro:

> Este ensayo es basado en la norma ASTM 1074, puede servir para estimar la resistencia a la compresión del hormigón. Con esta estimación se puede adelantar procesos constructivos muy importantes. Como el ensayo es en laboratorio, sirve para estimar igual la resistencia a la compresión en temperaturas no estándar. El hormigón debe de tener condiciones que le permitan hidratación para un mejor resultado en la relación. (Gonzáles, 2017)

Los cambios en la temperatura permiten el cálculo de la madurez del hormigón, así que se establece una relación madures-resistencia, esto permite el cálculo en cualquier momento que se desee implementar en la obra civil.

Figura 7

Curado de cilindros de hormigón

Nota. Cilindros de hormigón sumergidos en agua, también llamado curado.

Existen varios métodos para madurar el hormigón y uno de ellos es el uso de aditivos, también se usa para otras circunstacias y requerimientos en obra, los aditivos tienen la finalidad de cambiar sus propiedades físicas, químicas o ambas en conjunto, esto se incluye en la mezcla dependiendo los resultados deseados en el hormigón, entonces tenemos los siguientes tipos de aditivos:

- Tipo A: Reductor de agua (plastificantes)
- Tipo B: Retardante de fraguado
- Tipo C: Acelerante de fraguado
- Tipo D: Reductor de agua y retardador de fraguado
- Tipo E: Reductor de agua y acelerador de fraguado
- Tipo F: Reductor de agua de efecto alto
- Tipo G: Reductor de agua combinado de alto efecto y retardador

Como podemos observar, todos hacen efecto al fraguado, son las condiciones que en el trabajo de campo ayuda al constructor y también en la parte económica, nos podemos imaginar las facilidades que nos permite el aditivo en el hormigón, los sitios de difícil acceso para construir como son hosterías y hoteles en medio de la selva o con vegetación abundante, en montañas de gran altitud, tenemos varias alternativas para hacer con el hormigón de acuerdo con las necesidades en obra.

2.10 Trabajos de laboratorio y ensayos

Cabe indicar que se debe mantener cuidado en todo el proceso, de esto depende el éxito de los resultados obtenidos, desde la obtención de las muestras de los agregados hasta su culminación, ósea, su rotura por medio de la compresión axial simple, los resultados permitirán trabajar en forma real en las obras de campo, y como es de esperar, las muestras representarán a la población, como por ejemplo una viga, una columna, una losa, etc. Por eso las cantidades en las mezclas deben ser precisas al momento del mezclado, de igual forma en el tiempo que permanece en la concretera, debemos observar si la pasta cumple con la trabajabilidad y el asentamiento, esto se lo hace en el Cono de Abrams, es aceptable el asentamiento cuándo la pasta de hormigón está entre 6cm a 10cm.

Figura 8

Ensayo de Abrams

Nota. Asentamiento del hormigón, con una varilla.

Figura 9

Medición del asentamiento

Nota. Asentamiento ideal de 8cm.

2.10.1 Cuidado en las mezclas de hormigón

Las mezclas deben realizarse en lugares cerrados en el caso de ser un laboratorio y si es en espacios abiertos tratando de que las influencias climáticas no afecten al hormigón, esto puede ser por las lluvias o días soleados, en todo caso las precauciones no están demás, no solo eso, también es fundamental la seguridad de lo operadores de los laboratorista, ellos son los que manipulan maquinarias pesadas o los materiales en sí, no olvidemos que el cemento tiene contenidos químicos, estos pueden afectar a la piel, también está expuesta la vista, para todo lo anterior debemos equiparnos con ropa adecuada para el trabajo, el personal debe contar con: casco, gafas, chompa o buso de protección, pantalón jean por los general, mascarilla, botas y guantes.

2.10.2 Cuidado de la muestras

Las muestras de hormigón elaboradas tendrán supervisión desde la toma del hormigón en estado semilíquido en el momento de ingresar en el molde con tres capas de 25 golpes con ayuda de una barra metálica de punta semiesférica de 16 mm de diámetro, luego de eso el enrazar tratando de llegar a tener una superficie lo más plana posible y colocar su respectiva identificación, hasta llegar al ensayo de compresión axial, todo esto tiene una serie de procedimientos para cuidar de las muestras en los cilindros, no debe tener alteraciones considerables dentro de lo que cabe en su madurez, implica el cuidado desde el desencofrado que es aproximadamente de ocho a doce horas después de la mezcla, pasa por el proceso de curado en la cámara de humedad o tanques de agua, la colocación de capi en los cilindros y el traslado a su rotura por compresión axial simple. La gente que trabaja en el laboratorio es personal calificado y que por su conocimiento saben la velocidad de la presión de la máquina y cuándo es el momento de finalización, ósea la ruptura de la muestra.

2.10.3 Compresión axial simple de cilindros de hormigón

La resistencia a la compresión de la muestra de hormigón, los cilindros, determina el grado de calidad del hormigón, que depende no solo de los materiales utilizados sino también de dosificaciones, tiempos, temperatura, mezclado y moldeado como señala las normas INEN, que explica lo siguiente:

> Se debe tener cuidado en la interpretación del significado de la determinación de la resistencia a la compresión con los procedimientos de este método de ensayo, puesto que la resistencia no es una propiedad fundamental o intrínseca del hormigón elaborado con materiales dados. Los valores obtenidos dependerán del tamaño y la forma del espécimen, dosificación, procedimientos de mezclado, métodos de muestreo, moldeado o fabricación y de la edad, temperatura y condiciones de humedad durante el curado. (INEN , 2010)

Es por eso que en la investigación se trata de lo menos posible alterar los materiales para las mezclas, deben estar en condiciones secas, preferentemente al ambiente y sin unirse a otros materiales que puedan afectar en su composición, para posteriormente no tener resultados malogrados.

Figura 10

Agregados gruesos y finos para la elaboración del hormigón

Nota. Mezcladora de laboratorio con agregados.

2.10.4 Ensayo de compresión en cilindros de hormigón

Luego del proceso de curación, el cilindro se lo alisa con la colocación de caping en el borde inferior y superior para que se distribuya bien las carga, y ser comprimido de forma axial, tal como dice la norma INEN:

> Este método de ensayo consiste en aplicar carga axial de compresión a los cilindros moldeados o núcleos de hormigón de cemento hidráulico a una velocidad que se encuentra dentro de un rango definido hasta que ocurra la falla del espécimen. La resistencia a la compresión de un espécimen se calcula dividiendo la carga máxima alcanzada durante el ensayo para el área de la sección transversal del espécimen. (INEN , 2010)

La falla del espécimen tiene varias caracteristicas(ver tabla 11) y que también se puede ver su resistencia a la compresion observando como las fisuras recorren a la muestra o en ocaciones una especie de exploción en el cilindro.

Figura 11

Esquema de modelos típico de fractura

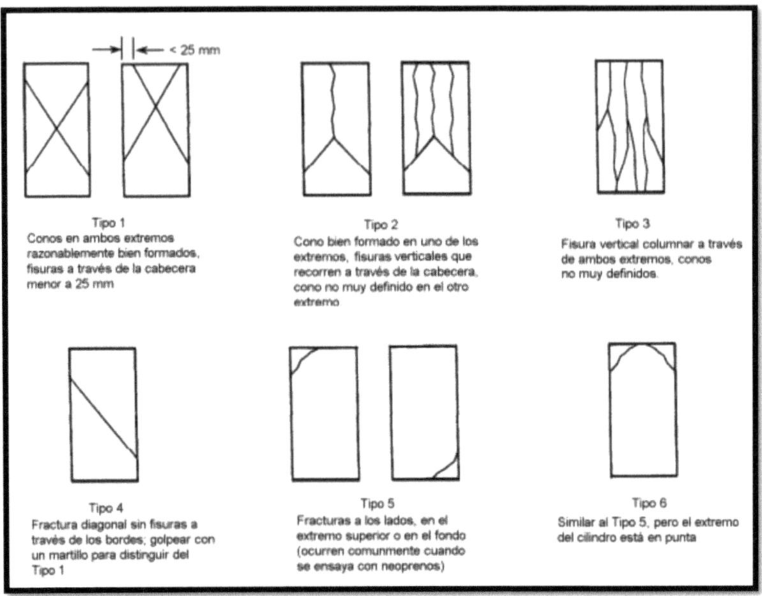

Nota. Formas de rotura de los cilindros, luego del ensayo de compresión. Tomado INEN 2010.

2.11 Balance de los daños producidos por el terremoto

Los daños en los cimientos como en el concreto fueron a la vista luego del terremoto en Ecuador provincia de Manabí y parte de la provincia de Esmeraldas de magnitud 7.8 en la escala de Richter, se tiene experiencia que en otros países que han sufrido consecuencias similares a las ecuatorianas, pero con resultados menos catastróficos, esto debido a que asimismo por experiencias pasados los países tomaron en consideración construir obras civiles seguras y no caer en el problemas de que otra vez vuelvan a gastar, como nos informó TelesurTV declaraciones del presidente Correa en el 2016 que calificó como pérdidas multimillonarias, perdiendo cerca de 3000 millones de dólares por esta tragedia.

Las ciudades más afectadas han sido Pedernales, Portoviejo y Manta, un reportaje de TelesurTV en 2016, publicó que fueron cerca de 20000 personas afectadas, las que quedaron sin hogar y con respecto a la infraestructura, se contabilizó a 6000 viviendas afectadas, 622 viviendas derribadas, 13 edificios de salud afectados y 281 instituciones educativas con daños diversos; vale mencionar que las viviendas elaboradas tuvieron poca afectación y viviendas construidas con materiales mixtos.

Lamentablemente se perdió vidas humanas, desaparecidos e incontables pérdidas económicas, hechos que hasta el momento han cobrado un costo social, estimando así cerca de 5956 edificaciones afectadas evaluadas por el Ministerio de Desarrollo Urbano y Vivienda en las provincias que tuvieron este percance.

Figura 12

Gad Municipal luego del terremoto

Nota. Secuelas del terremoto de Manabí 2016, la falla del hormigón en obras.

Tanto instituciones públicas o privadas tuvierón que ser demolidas, por que las estructuras finalmente no pudieron ser recuperadas luego del terremoto y que su demolición, retiro de escombros , limpieza; tuvieron un costo de igual forma (ver Figura 13), sin contar otras construcciones fueron avandonadas por no tener los recursos para demolerlas.

Figura 13

Escombros del Hotel Royal de Pedernales después del terremoto del 16 de abril de 2016

Nota. Tomado de la página web El Comercio, 2016.

Finalmente hecho como lo comentado fue un golpe duro para la economía y que hasta la actualidad todavía existen repercuciones.

2.12 Marco conceptual

Definiciones que intervienen en el experimento sobre la incidencia del cemento en las mezclas de hormigón y los componentes sobre los ensayos de compresión en laboratorio de ensayo de materiales.

2.12.1 Diseño Factorial

Definiciones que son parte del diseño experimental que se va a aplicar para la investigación, y son de uso regular:

Unidad experimental. - La unidad experimental es la pieza(s) o muestra(s) que se utiliza para generar un valor que sea representativo del resultado del experimento o prueba. (Humberto Gutiérrez P., Román de la Vara S., 2008, p. 7)

Variable respuesta. - A través de esta(s) variable(s) se conoce el efecto o los resultados de cada prueba experimental. (Humberto Gutiérrez P., Román de la Vara S., 2008, p. 7)

Factor. – Es el efecto principal que actúa en un modelos experimental, se puede considerar como variable independiente, estás son influyentes en la variable respuesta.

Nivel de factor. – Es una identificación categórica para identificar cuál es el nivel bajo o el alto, se usa este término en el modelo experimental 2^K, en la que el nivel de factor es la base, en este caso 2.

ANOVA. - Un procedimiento muy común que se utiliza cuando se prueban medias de la población se denomina análisis de varianza.

Estadísticas descriptivas. - Medidas que ayudan a clasificar la naturaleza de un conjunto de datos Este material es una introducción a una presentación breve de los métodos pictóricos y gráficas que van incluso más allá en la caracterización de los datos.

Tratamientos o bloques. - Datos que se van a estudiar en algún sentido y que tabulados se pueden encontrar tanto como vector fila o columna, según sean bien identificados dentro de los que se quiere caracterizar.

Datos experimentales. - Datos que se han obtenido al realizar un experimento controlado.

Tipos de errores. - Decisión de las hipótesis planteadas:

Error del Tipo I. – "Rechazo de la hipótesis nula cuando esta es verdadera". (M., 2010)

Error del Tipo II.- "No rechazar la hipótesis nula cuando esta es falsa". (M., 2010)

Muestreo aleatorio. - Esquema de muestreo donde cada observación se elige al azar de la población. En particular, ninguna unidad tiene más probabilidad de salir elegida que cualquier otra, y cada elección es independiente de las demás. (M., 2010)

Nivel de confianza. - Porcentaje de muestras en el que se quiere que el intervalo de confianza comprenda el valor poblacional; 95% es el nivel de confianza más común, pero también se utilizan 90% y 99%. (M., 2010)

Nivel de significancia. - Probabilidad del error Tipo I en pruebas de hipótesis. (M., 2010)

Observaciones atípicas (outliers). – "Observaciones en un conjunto de datos que son sustancialmente diferentes de la mayoría de los datos, quizá debido a errores o debido a que algunos datos están generados por un modelo diferente que la mayoría de los demás datos". (M., 2010)

Prueba de hipótesis. - Prueba estadística de la hipótesis nula, o sostenida, contra una hipótesis alternativa. (M., 2010)

Residual. - Diferencia entre el valor real y el valor ajustado (o predicho); existe un residual para cada observación en la muestra. (M., 2010)

Valor crítico. – “En prueba de hipótesis, el valor contra el cual se compara un estadístico de prueba para determinar si la hipótesis nula se rechaza o no”. (M., 2010)

Valor-p. – “El menor nivel de significancia al cual se puede rechazar la hipótesis nula. De manera equivalente, el mayor nivel de significancia al cual no se puede rechazar la hipótesis nula”. (M., 2010)

2.12.2 Referente a la elaboración del hormigón

Definiciones que son uso frecuente cuándo se realiza mezclas de hormigón, pueden ser los materiales o términos para señalar precisiones en el hormigón:

Cemento o cemento portland. - Es el material más utilizado para crear otros compuestos, existiendo gran variedad de cementos elaborados para conseguir distintas cualidades acordes a diferentes propósitos. (hcm hormigones, 2019)

Concreto. - La obtención del concreto parte de utilizar un conglomerante, que por lo general es cemento Portland, agua y fragmentos de agregados, elementos áridos que se catalogan como arena fina o gruesa, gravilla y grava. Las variaciones en esta mezcla es lo que modificará las propiedades mecánicas. (hcm hormigones, 2019)

Hormigón. - En algunos países se llama al hormigón concreto, pero la diferencia entre hormigón y concreto está relacionada con sus proporciones y modo de empleo. Los elementos que lo componen son los mismos, salvo por las distintas técnicas que se puedan utilizar durante el proceso. Dependiendo de la densidad de sus elementos, el hormigón puede ser ligero, normal o pesado. (hcm hormigones, 2019)

Curado. – Tiempo en el que permanece una muestra de hormigón en la cámara de humedad.

Caping. – Solución líquida compuesta de azufre y piedra pómez triturada, que estuvo a una temperatura de ebullición a 270 grados celsius, que se vierte regularmente encima y por debajo de los cilindros de hormigón para aplanar su superficie y que al aplicar presión axial se distribuya las cargas.

Fraguado. – Conjunto de reacciones físico-químicas del cemento y del agua, como elementos constituyentes de un hormigón, que da lugar a un proceso exotérmico de endurecimiento progresivo de la pasta. (Fundación Laboral de la Construcción, 2020)

Trabajabilidad. – Mezcla de hormigón que es de fácil manipulación, una pasta adecuada para moldear también tiene la característica de tener facilidad de transportar para un recubrimiento o mediante tuberías por presión para llegar a lugares de difícil acceso.

Compresión axial. – Esfuerzo que se aplica a un espécimen o material fabricado es perpendicular sobre el que se aplica la fuerza de compresión, que es distribuido de manera uniforme para una buena distribución de carga.

Cono de Abrams.- Cono metálico que se utiliza para medir la consistencia del hormigón cuando se encuentra en estado fresco.

Mpa.- Unidad de medida llamada Megapascales.

3 METODOLOGÍA

La investigación es de tipo experimental, ya que busca determinar el mejor tratamiento (mezcla) para obtener una mejor calidad del hormigón, medido a través de la compresión simple de cilindros de hormigón.

3.1 Método

Se utilizará un método inductivo, es decir, obtendremos muestras de una mezcla para moldear cilindros de hormigón y luego comprimirlos para saber su resistencia, en diferentes días de curado y verificar la calidad de hormigón, esto nos permitirá generalizar a partir de este experimento en particular.

3.2 Enfoque de la investigación

La investigación es cuantitativa, se mide la calidad del hormigón a través de la resistencia a la compresión axial simple medida Mpa, que tengan las muestras moldeadas de las mezclas después de 7 y 28 días, con los distintos tipos de agregados: agua, ripio, arena y cemento a un mismo nivel, tomados del Cantón Pedernales, provincia de Manabí en el año 2020.

3.3 Fuentes de información

Los datos de las resistencias registrados en Mpa de los cilindros de hormigón a la compresión axial simple, son recolectados de fuentes primarias, pues serán obtenidas a partir del experimento. A continuación, se presenta el cronograma del trabajo de campo realizado para el experimento, llevado a cabo tanto en el Cantón Pedernales con la recolección de la muestras de agua, ripio y arena; y las mezclas de hormigón fueron realizadas en la ciudad de Guayaquil-Ecuador en la Planta Holcim San Eduardo:

Tabla 2

Cronograma de trabajo de campo

Actividades	Fecha de inicio	Duración en días	Fecha de finalización
Visita técnica	7/9/2020	2	9/9/2020
Recolección de muestras	14/9/2020	2	16/9/2020
Preparación de muestras	16/9/2020	2	18/9/2020
Preparación de equipos	18/9/2020	1	21/9/2020
2 Mezclas de hormigón	23/9/2020	1	24/9/2020
Desencofrado	24/9/2020	1	25/9/2020
4 Mezclas de hormigón	28/9/2020	1	29/9/2020
Desencofrado	29/9/2020	1	30/9/2020
2 Mezclas de hormigón	29/9/2020	1	30/9/2020
Desencofrado	30/9/2020	1	1/10/2020
Limpieza general	1/10/2020	1	5/10/2020
Prueba de compresión 7 días	30/9/2020	1	2/11/2020
Prueba de compresión 7 días	5/10/2020	1	6/10/2020
Prueba de compresión 7 días	6/10/2020	1	7/10/2020
Prueba de compresión 28 días	21/10/2020	1	22/10/2020
Prueba de compresión 28 días	26/10/2020	1	27/10/2020
Prueba de compresión 28 días	27/10/2020	1	28/10/2020

Nota. Planificación de la recolección de los materiales en el Cantón Pedernales y el trabajo de laboratorio en la ciudad de Guayaquil en la Planta Holcim San Eduardo.

Figura 14

Avances del cronograma de trabajo

Nota. Días de ocupación en las actividades de trabajo.

3.4 Nivel de profundidad de la investigación

El nivel de investigación según el grado de profundidad que se abordará en el estudio es explicativo, ya que el diseño permite medir el efecto que tienen los factores sobre la calidad del hormigón.

Además, se presentará el análisis de Figuras (de puntos, tendencia, concentración de casos), y el analítico, que contiene: pruebas estadísticas, correlación, relevancia, medias, varianzas. Con todo lo que aporte los resultados calculados se tiene que probar la respectiva hipótesis y los supuestos que requiere el modelo aplicado en el experimento realizado.

3.5 Variables

VARIABLE RESPUESTA

Resistencias a la compresión axial simple, medida en Mpa.

FACTORES	NIVELES DE FACTOR
Agua	• Agua potable • Agua de río
Ripio	• Ripio de cantera • Ripio de río
Arena	• Arena de cantera • Arena de río
Tiempos de Curado	• Curado a los 7 días • Curado a los 28 días

3.6 Técnicas estadísticas de investigación

Se empelará un diseño experimental factorial general 2^4, este permite determinar los efectos que tienen los factores por sí mismos y todas las combinaciones, calcular las relaciones de los factores y los niveles de factor, identificar efectos simples y principales.

Esto conlleva en diferenciar la calidad de hormigón con diferentes tipos de combinaciones en las que cada factor se lo representa con letras mayúsculas y los niveles de factor con letras minúsculas con un subíndice 2 y 1 o con signos positivo (+) y negativo (-), respectivamente lo cual representa el nivel alto y bajo del factor específico, para el caso de las mezclas y originar los diferentes tipos de hormigón, serán codificadas o etiquetadas de la siguiente forma: agua(A), ripio(B), arena(C) y tiempos de curado(D); siendo estos factores controlados y el único factor fijo sería el cemento, con lo cual tendríamos las siguientes 16 tratamientos, como se aprecia en la siguiente nomenclatura y sus niveles:

Agua(A)
- **a_1 (agua potable)**
- **a_2 (agua de río)**

Ripio(B)
- **b_1 (ripio de cantera)**
- **b_2 (ripio de río)**

Arena(C)
- **c_1 (arena de cantera)**
- **c_2 (arena de río)**

Tiempos de Curado (D)
- **d_1 (7 días)**
- **d_2 (28 días)**

3.6.1 Tamaño de la muestra para ensayos de compresión

Se tomará una muestra tanto de ripio y arena de la principal cantera (mina) que utilizan para la construcción en el Cantón de Pedernales, de igual forma el agua que utilizan para la mezcla de los agregados, considerados factores principales aleatorios.

Desagregación: Se realizará la mezcla con todos los agregados obtenidos en el cantón Pedernales (agua, ripio y arena), el cemento será de una sola marca, considerado como factor fijo. Estas mezclas se moldearán en cilindros para tener el hormigón (Ver Figura 15.), comprimidas a diferentes tiempos de curado y obtener las resistencias medidas Megapascales (ver figura 16).

Figura 15

Moldes para hormigón

Nota. Moldes para colocar el hormigón Tomado de la web ELVEC S.A (2020).

Figura 16

Máquina de compresión

Nota. Cilindro comprimido hasta su rotura.

La determinación del tamaño de la muestra difiere en investigaciones sociales de investigaciones experimentales, existe varias técnicas de muestrear las unidades experimentales, se aceptan también como válidas por el estado del arte del modelo, ósea la experiencia del investigador y estudios realizados con similares planteamientos, en este tipo de investigaciones se considera como aporte, las normas por parte de instituciones de regulación y control como es el INEN, estás que son emitidas en base a estudios propios, siendo parte de requisitos necesarios para aprobaciones de permisos de construcción o afines.

Muestra para un diseño factorial replicado

La presente investigación se realiza a través de un diseño factorial 2^4 de efectos fijos, formando 16 tratamientos (Ver tabla III), con 2 replicaciones, tomando como referencia el libro de Análisis y Diseños de Experimentos (Gutiérrez, 2008, p.195) "El diseño 2^4 es quizás el factorial más grande que todavía se puede correr con dos réplicas, lo que implica hacer 32 corridas" (ver tabla 3).

Tabla 3

Réplicas y número de corridas

Diseño	Réplicas recomendadas	Número de corridas
2^2	3 o 4	12, 16
2^3	2	16
2^4	1 o 2	16, 32
2^5	fracción 2^{5-1} o 1	16, 32
2^6	fracción 2^{6-2} o fracción 2^{6-1}	16, 32
2^7	fracción 2^{7-3} o fracción 2^{7-2}	16, 32

Nota. tabla tomada del libro Análisis y Diseño de Experimentos 2008, p.195, Autor: Gutiérrez.

Además, se valida realizar 2 replicaciones porque la norma INEN recomienda para la toma de muestras como rango aceptable para ensayos de compresión, como se explica más adelante.

3.6.2 Análisis del Modelo 2^4

El modelo completo tendrá 2^4-1 efectos, en los que constará los efectos principales, la interacción de dos factores, la interacción de tres factores y por último la interacción de los cuatro factores. Las 16 combinaciones de los tratamiento se pueden escribir de forma estándar como es: (1), a, b, ab, c, ac, bc, abc, d, ad, bd, abd, cd, acd, bcd y abcd. Como explica Montgomery, en su libro Diseño y Análisis de Experimentos "El Modelo estadístico para un diseño 2^K incluirá k efectos principales,$\binom{k}{2}$ interacción de dos factores, $\binom{k}{3}$ incluirá tres factores,…, y una interacción de k factores." (Montgomery, 2004, p242)

Para observar los tratamientos, con sus respectivas sumas de cuadrados y sus grados de liberta para posteriormente calcular las significancias de los efectos y las interacciones como se explica en la tabla 4.

Tabla 4

Cuadro de análisis de varianza

FUENTE DE VARIACIÓN	SUMA DE CUADRADOS	GRADOS DE LIBERTAD
A	SC_A	1
B	SC_B	1
C	SC_C	1
D	SC_D	1
AB	SC_{AB}	1
AC	SC_{AC}	1
AD	SC_{AD}	1
BC	SC_{BC}	1
BD	SC_{BD}	1
CD	SC_{CD}	1
ABC	SC_{ABC}	1
ABD	SC_{ABD}	1
ACD	SC_{ACD}	1
BCD	SC_{BCD}	1
ABCD	SC_{ABCD}	1
ERROR	SCE	$2^K(n-1) = 8$
TOTAL	SCT	$n2^K-1 = 15$

Nota. Representación de los efectos e interacciones calculadas con sus respectivas sumas de cuadrados y grados de libertad.

Siendo:

- SC = Suma de cuadrados
- K = Factores
- n = Réplicas

Para el contraste en general se usa lo siguiente:

$$CONTRASTE_{A,B,C,D}=(a\pm 1)(b\pm 1)(c\pm 1)(d\pm 1)$$

Luego de que tenemos calculado los contrastes de los efectos procedemos de igual forma a calcular las sumas de cuadrados con estás fórmulas generales que propone Montgomery:

$$\boldsymbol{EFECTO\ ABCD} = \frac{\mathbf{2}}{\boldsymbol{n}\mathbf{2}^{\mathbf{4-1}}}(\boldsymbol{ContrasteABCD})$$

y

$$\boldsymbol{SC_{ABCD}} = \frac{\mathbf{2}}{\boldsymbol{n}\mathbf{2}^{\mathbf{4}}}(\boldsymbol{ContrasteABCD})^2$$

Como se indicó anteriormente que n es el número de réplicas.

El diseño factorial de efectos fijos considerando 4 factores: (A)agua, (B)ripio, (C)arena y (D)tiempos de curado. En donde: el factor agua tiene a niveles, el factor ripio tiene b niveles, el factor arena tiene c niveles y el factor tiempos de curado tiene d niveles; y que hay n unidades experimentales asignadas a cada tratamiento factor-nivel, siendo el modelo:

$$\boldsymbol{Y_{ijklm} = \mu + \alpha_i + \beta_j + \gamma_k + \delta_l + \alpha\beta_{ij} + \alpha\gamma_{ik} + \alpha\delta_{il} + \beta\gamma_{jk} + \beta\delta_{jl} + \gamma\delta_{kl}}$$
$$\boldsymbol{+ \alpha\beta\gamma_{ijk} + \alpha\beta\delta_{ijl} + \alpha\gamma\delta_{ikl} + \beta\gamma\delta_{jkl} + \alpha\beta\gamma\delta_{ijkl} + \varepsilon_{ijklm}}$$

donde i=1,2; j=1,2; k=1,2; l=1,2 y m=1,2 (réplicas), yijklm denota la respuesta m, en el i-ésimo nivel de A, j-ésimo nivel de B, k-ésimo nivel de C, l-ésimo nivel de D, μ la media general, $\boldsymbol{\alpha_i}$ efecto del nivel i del factor principal A, $\boldsymbol{\beta_j}$ efecto del nivel j del factor principal B, $\boldsymbol{\gamma_k}$ efecto del nivel k del factor principal C, $\boldsymbol{\delta_l}$ efecto del nivel l del factor principal D, $\boldsymbol{\alpha\beta_{ij}}$ la interacción del nivel i del factor A con el nivel j del factor B, $\boldsymbol{\alpha\gamma_{ik}}$la interacción del nivel i del factor A con el nivel k del factor C, $\boldsymbol{\alpha\delta_{il}}$ la interacción del nivel i del factor A con el nivel l del factor D, $\boldsymbol{\beta\gamma_{jk}}$ la interacción del nivel j del factor B con el nivel k del factor C, $\boldsymbol{\beta\delta_{jl}}$ la interacción del nivel j del factor B con el nivel 1 del factor D, $\boldsymbol{\gamma\delta_{kl}}$ la interacción del nivel k del factor C con el nivel l del factor D, $\boldsymbol{\alpha\beta\gamma_{ijk}}$ la interacción del nivel i del factor A con el nivel j del factor B y el nivel k del factor C, la interacción del nivel i del factor A con el nivel j del factor B y el nivel k del factor C, $\boldsymbol{\alpha\beta\delta_{ijl}}$ la interacción del nivel i del factor A con el nivel j del factor B y el nivel l del factor D, $\boldsymbol{\alpha\gamma\delta_{ikl}}$ la interacción del nivel i del factor A con el nivel k del factor C y el nivel l del factor D, $\boldsymbol{\beta\gamma\delta_{jkl}}$ la interacción del nivel j del factor B con el nivel k del factor C y el nivel l del factor D, $\boldsymbol{\alpha\beta\gamma\delta_{ijkl}}$ la interacción del nivel i del factor A con el nivel j del factor B con el nivel k del factor C y el nivel l del factor D, $\boldsymbol{\varepsilon_{ijklm}}$ el error es independiente y normalmente distribuido con media cero y varianza σ².

Hay un total de N = r*2^K = (2)*(16) =32 unidades experimentales dónde:

N=unidades experimentales

k=factores

r=replicas

Las restricciones usuales para los parámetros en el modelo son las siguientes:

$$\boldsymbol{\Sigma_{i=1}^{a}\alpha_i = 0, \Sigma_{k=1}^{b}\beta_j = 0, \Sigma_{k=1}^{c}\gamma_k = 0, \Sigma_{l=1}^{d}\delta_l = 0, \Sigma_{i=1}^{a}\alpha\beta_{ij} = 0, \Sigma_{i=1}^{a}\alpha\gamma_{ik} = 0,}$$

$$\boldsymbol{\Sigma_{i=1}^{a}\alpha\delta_{il} = 0, \Sigma_{i=1}^{b}\beta\gamma_{jk} = 0, \Sigma_{i=1}^{b}\beta\delta_{jl} = 0, \Sigma_{i=1}^{c}\gamma\delta_{kl} = 0, \Sigma_{i=1}^{a}\alpha\beta\gamma_{ijk} = 0,}$$

$$\boldsymbol{\Sigma_{i=1}^{a}\alpha\beta\delta_{ijl} = 0, \Sigma_{i=1}^{a}\alpha\gamma\delta_{ijl} = 0, \Sigma_{i=1}^{b}\beta\gamma\delta_{jkl} = 0, \Sigma_{i=1}^{a}\alpha\beta\gamma\delta_{ijkl} = 0}$$

Las estimaciones de los parámetros son:

- $\hat{\boldsymbol{\mu}} = \bar{y}\ldots$
- $\hat{\boldsymbol{\alpha}}_i = \bar{y}_i\ldots. - \bar{y}\ldots..$
- $\hat{\boldsymbol{\beta}}_j = \bar{y}_{\cdot j}\ldots - \bar{y}\ldots..$
- $\hat{\gamma}_k = \bar{y}_{\cdot\cdot k}\ldots - \bar{y}\ldots..$
- $\hat{\boldsymbol{\delta}}_l = \bar{y}_{\ldots l}. - \bar{y}\ldots..$
- $\widehat{\boldsymbol{\alpha\beta}}_{ij} = \bar{y}_{ij}\ldots - \bar{y}_i\ldots. - \bar{y}_{\cdot j}\ldots - \bar{y}\ldots..$
- $\widehat{\gamma\boldsymbol{\delta}}_{kl} = \bar{y}_{\cdot\cdot kl}. - \bar{y}_{\cdot\cdot k}\ldots - \bar{y}_{\ldots l}. - \bar{y}\ldots..$
- $\widehat{\boldsymbol{\alpha\beta}\gamma}_{ijk} = \bar{y}_{ijk}\ldots - \bar{y}_i\ldots. - \bar{y}_{\cdot l}\ldots - \bar{y}_{\cdot\cdot k}\ldots - \bar{y}\ldots..$
- $\widehat{\boldsymbol{\alpha\beta\delta}}_{ijl} = \bar{y}_{ij\cdot l}. - \bar{y}_i\ldots. - \bar{y}_{\cdot l}\ldots - \bar{y}_{\cdot\cdot\cdot l}. - \bar{y}\ldots..$
- $\widehat{\boldsymbol{\alpha}\gamma\boldsymbol{\delta}}_{ikl} = \bar{y}_{i\cdot kl}. - \bar{y}_i\ldots. - \bar{y}_{\cdot\cdot k}\ldots - \bar{y}_{\cdot\cdot\cdot l}. - \bar{y}\ldots..$
- $\widehat{\boldsymbol{\beta}\gamma\boldsymbol{\delta}}_{jkl} = \bar{y}_{\cdot jkl}. - \bar{y}_{\cdot j}\ldots - \bar{y}_{\cdot\cdot k}\ldots - \bar{y}_{\cdot\cdot\cdot l}. - \bar{y}\ldots..$
- $\widehat{\alpha\boldsymbol{\beta}\gamma\boldsymbol{\delta}}_{jkl} = \bar{y}_{\cdot ijkl}. - \bar{y}_i\ldots. - \bar{y}_{\cdot j}\ldots - \bar{y}_{\cdot\cdot k}\ldots - \bar{y}_{\cdot\cdot\cdot l}. - \bar{y}\ldots..$

Consideramos que la prueba de hipótesis para ver la significancia de los factores se basa en suposiciones de los errores ε_{ijklm} , que son independientes, normalmente distribuidos y con varianza constante en cada una de las condiciones experimentales, si las suposiciones son correctas los cocientes en la tabla ANOVA son estadísticamente válidos para verificar la significación de los factores.

En dónde los parámetros son:

Y_{ijklm} = Resistencia a la compresión axial de los cilindros de hormigón

μ = Media general

α_i = Efecto agua

β_j = Efecto ripio

γ_k = Efecto arena

δ_l = Efecto tiempos de curado

$\alpha\beta_{ij}$ = Interacción de los efectos del agua y el ripio

$\alpha\gamma_{ik}$ = Interacción de los efectos del agua y la arena

$\alpha\delta_{il}$ = Interacción de los efectos del agua y los tiempos de curado

$\beta\gamma_{jk}$ = Interacción de los efectos del ripio y la arena

$\beta\delta_{jl}$ = Interacción de los efectos del ripio y de los tiempos de curado

$\gamma\delta_{kl}$ = Interacción de los efectos de la arena y los tiempos de curado

$\alpha\beta\gamma ijk$ = Interacción de los efectos del agua, el ripio y la arena

$\alpha\beta\delta_{ijl}$ = Interacción de los efectos del agua, el ripio y los tiempos de curado

$\alpha\gamma\delta_{ikl}$ = Interacción de los efectos del agua, la arena y los tiempos e curado

$\alpha\beta\gamma\delta_{ijkl}$ = Interacción de los efectos del agua, el ripio, la arena y los tiempos de curado

ε_{ijklm} = Residuales o errores de todos los efecto.

Tabla 5

Cuadro de tratamientos de los materiales para las mezclas de hormigón

		FACTORES				
MEZCLAS	TRATAMIENTOS	A(AGUA)	B(RIPIO)	C(ARENA)	D(T. DE CURADO)	COMBINACIONES
1	a1b1c1d1	agua potable	ripio de cantera	arena de cantera	7 días de curado	agua potable, ripio de cantera, arena de cantera,7 días de curado
2	a2b1c1d1	agua de río	ripio de cantera	arena de cantera	7 días de curado	agua de río, ripio de cantera, arena de cantera,7 días de curado
3	a1b2c1d1	agua potable	ripio de río	arena de cantera	7 días de curado	agua potable, ripio de río, arena de cantera,7 días de curado
4	a2b2c1d1	agua de río	ripio de río	arena de cantera	7 días de curado	agua de río, ripio de río, arena de cantera,7 días de curado
5	a1b1c2d1	agua potable	ripio de cantera	arena de río	7 días de curado	agua potable, ripio de cantera, arena de río,7 días de curado
6	a2b1c2d1	agua de río	ripio de cantera	arena de río	7 días de curado	agua de río, ripio de cantera, arena de río,7 días de curado
7	a1b2c2d1	agua potable	ripio de río	arena de río	7 días de curado	agua potable, ripio de río, arena de río,7 días de curado
8	a2b2c2d1	agua de río	ripio de río	arena de río	7 días de curado	agua de río, ripio de río, arena de río,7 días de curado
9	a1b1c1d2	agua potable	ripio de cantera	arena de cantera	28 días de curado	agua potable, ripio de cantera, arena de cantera,28 días de curado
10	a2b1c1d2	agua de río	ripio de cantera	arena de cantera	28 días de curado	agua de río, ripio de cantera, arena de cantera,28 días de curado
11	a1b2c1d2	agua potable	ripio de río	arena de cantera	28 días de curado	agua potable, ripio de río, arena de cantera,28 días de curado
12	a2b2c1d2	agua de río	ripio de río	arena de cantera	28 días de curado	agua de río, ripio de río, arena de cantera,28 días de curado
13	a1b1c2d1	agua potable	ripio de cantera	arena de río	28 días de curado	agua potable, ripio de cantera, arena de río,28 días de curado
14	a2b1c2d2	agua de río	ripio de cantera	arena de río	28 días de curado	agua de río, ripio de cantera, arena de río,28 días de curado
15	a1b2c2d2	agua potable	ripio de río	arena de río	28 días de curado	agua potable, ripio de río, arena de río,28 días de curado
16	a2b2c2d2	agua de río	ripio de río	arena de río	28 días de curado	agua de río, ripio de río, arena de río,28 días de curado

Nota. Combinaciones de hormigón que se realizaron en laboratorio de ensayo de materiales de la empresa Holcim.

4 RESULTADOS

Después de haber hecho las 16 mezclas, que es equivalente a los tratamientos resultado de combinar, los 2 niveles del factor agua, 2 niveles del factor ripio y 2 niveles del factor arena; se moldeó la mezcla en cilindros de hormigón de dimensiones de 100 mm por 200 mm aproximadamente(ver figura 17.), luego se sumergió en agua(curado), para comprimirlos posteriormente e introducir un último factor que es el tiempo de curado: dentro de 7 días y 28 días, posteriormente se tomó registro de las resistencias a la compresión axial máxima considerando 2 réplicas, obteniendo así 32 observaciones y posteriormente procesar los resultados.

Figura 17

Cilindros moldeados de 100mm por 200mm aprox.

Nota. Moldes rellenados de hormigón.

4.1 Tabla de registros de resistencias a la compresión axial simple

La siguiente tabla en la que resume todos los registros y los días que se tuvieron que realizar las compresiones hasta su rotura, trabajo realizado en campo como en laboratorio.

Tabla 6

Registro de resistencias a la compresión axial simple medida en Mpa

Mezclas	Tratamientos	fecha de mezcla	fecha de rotura	días de curado	réplica 1	réplica 2
1	a1b1c1d1	28/9/2020	5/10/2020	7	7,18	9,229
2	a2b1c1d1	28/9/2020	5/10/2020	7	7,239	8,483
3	a1b2c1d1	28/9/2020	5/10/2020	7	5,047	5,047
4	a2b2c1d1	28/9/2020	5/10/2020	7	7,748	8,05
5	a1b1c2d1	29/9/2020	6/10/2020	7	7,427	6,007
6	a2b1c2d1	29/9/2020	6/10/2020	7	5,711	5,094
7	a1b2c2d1	23/9/2020	30/10/2020	7	4,061	4,387
8	a2b2c2d1	23/9/2020	30/10/2020	7	3,632	4,103
9	a1b1c1d2	28/9/2020	26/10/2020	28	16,274	9,457
10	a2b1c1d2	28/9/2020	26/10/2020	28	13,47	14,116
11	a1b2c1d2	28/9/2020	26/10/2020	28	9,067	9,379
12	a2b2c1d2	28/9/2020	26/10/2020	28	14,702	13,137
13	a1b1c2d2	29/9/2020	27/10/2020	28	10,05	9,644
14	a2b1c2d2	29/9/2020	27/10/2020	28	10,28	10,22
15	a1b2c2d2	23/9/2020	21/10/2020	28	8,255	8,152
16	a2b2c2d2	23/9/2020	21/10/2020	28	8,72	8,019

Nota. Los registros de la resistencia a la resistencia a la compresión axial de los cilindros de hormigón, tomados en el laboratorio, tomados de la Planta Holcim San Eduardo, Ecuador-Guayaquil.

4.2 Verificación de las suposiciones de modelización

Se tiene varios test que sirven para probar los supuestos que exige el modelo, es decir: normalidad, homocedasticidad y de independencia. Cabe señalar que los datos fueron procesados en el software estadístico IBM SPSS versión 22, R y Excel; de los cuales se obtuvo tanto los resultados analíticos, descriptivos y figuras.

4.2.1 Normalidad

El supuesto de normalidad permite probar si los datos siguen una distribución normal, existen tanto la prueba gráfica para ver si los puntos residuales se ajustan a la línea referencial y la prueba analítica en la que si se tiene que contrastar la significancia de los datos registrados por cada grupo de resistencias a la compresión axial simple obtenidas, si la significancia es mayor a 0.05 de nivel de confiabilidad, se comprueba que los datos siguen una normalidad, la prueba analítica más recomendable es la de Shapiro Wilk como sugiere Gutiérrez, para la verificación de este supuesto del modelo, por lo tanto se prueba las siguientes hipótesis:

Ho: Los datos proceden de una distribución normal

Ha: Los datos no proceden de una distribución normal

consecuentemente tenemos:

Tipo de agua que se usó en el hormigón

- **Método Analítico**

Tabla 7

Prueba de Kolmogorov-Smirnov y Shapiro Wilk (Tipos de agua)

	Tipo de agua que se usó en el hormigón	Kolmogorov-Smirnov			Shapiro-Wilk		
		Estadístico	gl	Sig.	Estadístico	gl	Sig.
Resistencia a la compresión del cilindro de hormigón medido en Mpa.	Potable	0.188	16	0.136	0.884	16	0.045
	Río	0.148	16	0.200	0.941	16	0.366

Nota. Resultados generados en el programa estadístico IBM SPSS 22.

Los datos de las resistencias a la compresión axial simple de los cilindros de hormigón que contenían agua potable, se puede decir que siguen una normalidad puesto que se tiene una significancia de $0.045 \cong 0.05$, este que se acerca a 0.05 del valor de contraste, en cambio, las resistencias a la compresión axial simple de los cilindros de hormigón que contenían agua de río, los datos presentan normalidad puesto que se tiene una significancia de 0.366 superior a 0.05 dónde aceptamos hipótesis nula.

- **Método Gráfico**

Figura 18

Gráfico de normalidad (agua potable)

Figura 19

Gráfico de normalidad (agua de río)

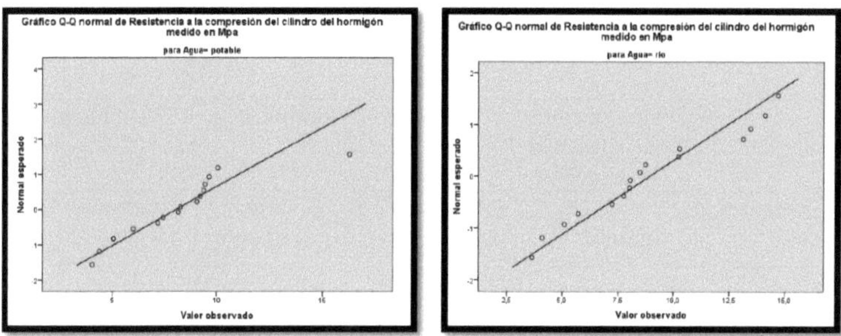

Nota. Resultados obtenidos en el programa SPSS.

Nota. Resultados obtenidos en el programa SPSS

Al ver la figura 18, ubicada a la izquierda, Q-Q de normalidad de los niveles de agua potable, la mayoría se comportan alrededor de la media y estos están cercanos a la línea de referencia, entonces existe normalidad en cuanto a la variable respuesta, de la misma manera la figura 19, ubicada a la derecha, Q-Q de normalidad de los niveles de agua de río, la mayoría se comportan alrededor de la media y estos están cercanos a la línea de referencia, entonces existe normalidad en cuanto a la variable respuesta.

Tipo de ripio que se usó en el hormigón

- **Método Analítico**

Tabla 8

Prueba de Kolmogorov-Smirnov y Shapiro Wilk(Tipos de ripio)

	Tipo de ripio que se usó en el hormigón	Kolmogorov-Smirnov			Shapiro-Wilk		
		Estadístico	gl	Sig.	Estadístico	gl	Sig.
Resistencia a la compresión del cilindro de hormigón medido en Mpa.	Cantera	0.197	16	0.096	0.933	16	0.268
	Río	0.163	16	0.200	0.897	16	0.071

Nota. Resultados generados en el programa estadístico IBM SPSS 22.

Los datos de las resistencias a la compresión axial simple de los cilindros de hormigón que contenían ripio de cantera siguen una normalidad puesto que se tiene una significancia de 0.268, este que es superior al valor de contraste 0.05, en cambio, las resistencias a la compresión axial simple de los cilindros de hormigón que contenían ripio de río, los datos presentan normalidad puesto que se tiene una significancia de 0.071 superior a 0.05 dónde aceptamos hipótesis nula.

- **Método Gráfico**

Figura 20

Gráfico de normalidad (ripio cantera)

Figura 21

Gráfico de normalidad (ripio de río)

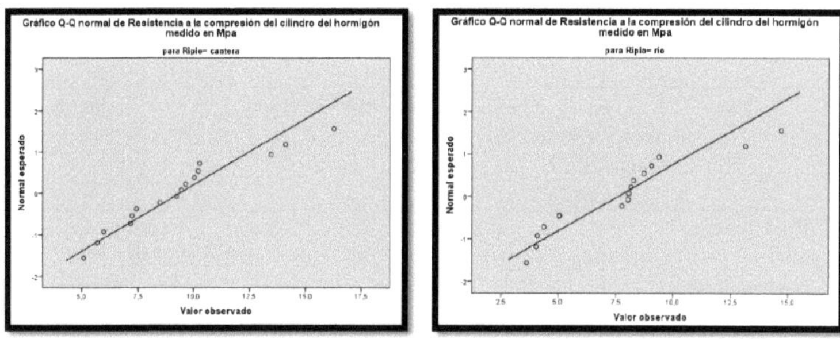

Nota. Resultados obtenidos en el programa SPSS. *Nota.* Resultados obtenidos en el programa SPSS.

Al ver la figura 20, ubicada a la izquierda, Q-Q de normalidad de los niveles de ripio de cantera, la mayoría se comportan alrededor de la media y estos están cercanos a la línea de referencia, entonces existe normalidad en cuanto a la variable respuesta, de la misma manera la figura 21, ubicada a la derecha, Q-Q de normalidad de los niveles de ripio de río, la mayoría se comportan alrededor de la media y estos están cercanos a la línea de referencia, entonces existe normalidad en cuanto a la variable respuesta.

Tipo de arena que se usó en el hormigón

- **Método Analítico**

Tabla 9

Prueba de Kolmogorov-Smirnov y Shapiro Wilk(Tipos de arena)

	Tipo de arena que se usó en el hormigón	Kolmogorov-Smirnov			Shapiro-Wilk		
		Estadístico	gl	Sig.	Estadístico	gl	Sig.
Resistencia a la compresión del cilindro de hormigón medido en Mpa.	Cantera	0.233	16	0.020	0.919	16	0.164
	Río	0.148	16	0.200	0.908	16	0.107

Nota. Resultados generados en el programa estadístico IBM SPSS 22.

Los datos de las resistencias a la compresión axial simple de los cilindros de hormigón que contenían arena de cantera siguen una normalidad puesto que se tiene una significancia de 0.164, este que es superior al valor de contraste 0.05, en cambio, las resistencias a la compresión axial simple de los cilindros de hormigón que contenían arena de río, los datos presentan normalidad puesto que se tiene una significancia de 0.107 superior a 0.05 dónde aceptamos nula.

- **Método Gráfico**

Figura 22

Gráfico de normalidad (arena de cantera)

Figura 23

Gráfico de normalidad (arena de río)

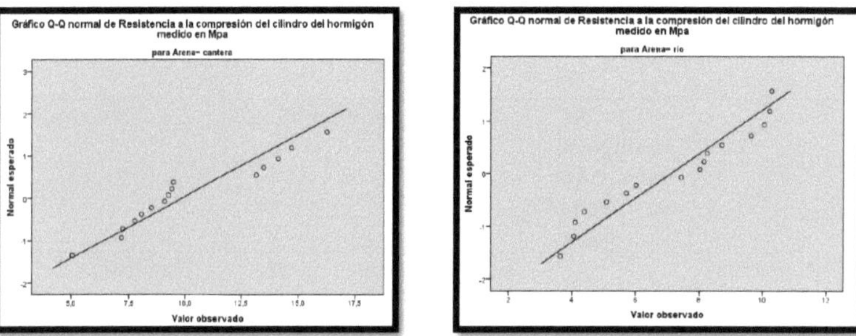

Nota. Resultados obtenido en el programa SPSS. *Nota.* Resultados obtenido en el programa SPSS

Al ver la figura 22, ubicada a la izquierda, Q-Q de normalidad de los niveles de arena de cantera, la mayoría se comportan alrededor de la media y estos están cercanos a la línea de referencia, entonces existe normalidad en cuanto a la variable respuesta, de la misma manera la figura 23, ubicada a la derecha, Q-Q de normalidad de los niveles de arena de río, la mayoría se comportan alrededor de la media y estos están cercanos a la línea de referencia, entonces existe normalidad en cuanto a la variable respuesta.

Tipo de tiempos de curado que se usó en el hormigón

- **Método Analítico**

Tabla 10

Prueba de Kolmogorov-Smirnov y Shapiro Wilk(Tipos de tiempos de curado)

	Tipo de tiempo de curado que se usó en el hormigón	Kolmogorov-Smirnov			Shapiro-Wilk		
		Estadístico	gl	Sig.	Estadístico	gl	Sig.
Resistencia a la compresión del cilindro de hormigón medido en Mpa.	7 días	0.163	16	0.096	0.940	16	0.343
	28 días	0.267	16	0.003	0.863	16	0.021

Nota. Resultados generados en el programa estadístico IBM SPSS 22.

Los datos de las resistencias a la compresión axial simple de los cilindros de hormigón que tenían 7 días de curado siguen una normalidad puesto que se tiene una significancia de 0.343, este que es superior al valor de contraste 0.05, en cambio, las resistencias a la compresión axial simple de los cilindros de hormigón que tenían 28 días de curado, los datos no presentan normalidad puesto que se tiene una significancia de 0.021 es inferior a 0.05 dónde aceptamos nula.

- **Método Gráfico**

Figura 24

Gráfico de normalidad(curado 7 días)

Figura 25

Gráfico de normalidad(curado 28 días)

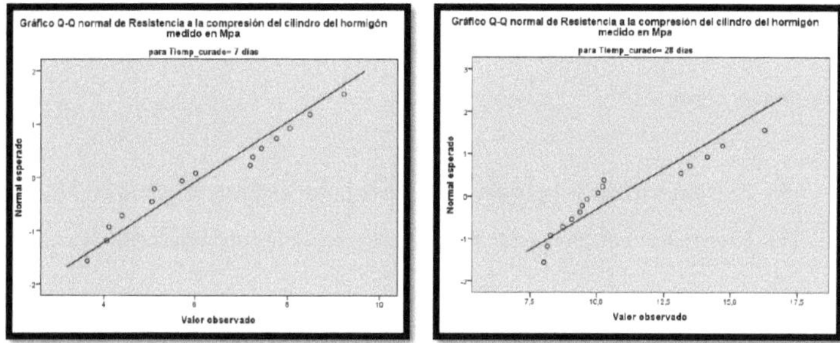

Nota. Resultados obtenidos en el programa SPSS. *Nota.* Resultados obtenidos en el programa SPSS.

Al ver la figura 24, ubicada a la izquierda, Q-Q de normalidad de los niveles de 7 días de curado, la mayoría se comportan alrededor de la media y estos están cercanos a la línea de referencia, entonces existe normalidad en cuanto a la variable respuesta, de la misma manera la figura 25, ubicada a la derecha, Q-Q de normalidad de los niveles de 28 días de curado, la mayoría se comportan alrededor de la media y estos están cercanos a la línea de referencia, entonces existe normalidad en cuanto a la variable respuesta.

En síntesis, la resistencia a la compresión axial simple de los cilindros de hormigón sigue una distribución normal.

4.2.2 Homocedasticidad

O también llamada supuesto de varianzas constantes, en la que los tratamientos deben tener varianza homogénea. El contraste que se usó para esta investigación es el test de Levene, basándose en las medidas de tendencia central como son: la media, la mediana, grados de libertad ajustado, y la media recortada, para cumplir con este supuesto se debe tener una significancia superior a nivel de significancia de 0.05, para eso tenemos las siguientes hipótesis:

Ho: Existen varianzas constantes. (Existe homocedasticidad)

Ha: No existen varianzas constantes. (No existe homocedasticidad)

consecuentemente tenemos:

Tipo de agua que se usó en el hormigón

Tabla 11

Prueba de Levene(Tipo de agua)

		Estadístico de Levene	df1	df2	Sig.
Resistencia a la compresión del cilindro de hormigón medido en Mpa.	Se basa en la media	0.877	1	30	0.357
	Se basa en la mediana	0.629	1	30	0.434
	Se basa en el mediana y con gl ajustado	0.629	1	29.765	0.434
	Se basa en la media recortada	0.786	1	30	0.382

Nota. Resultados generados en el programa estadístico IBM SPSS 22.

Tenemos varianzas iguales basándonos en la media con un nivel de significancia de 0.357, basándonos en la mediana 0.434, basándonos en la medina y grados de libertad ajustado de 0.434, y en la media recortada de 0.382, con esto cumple con el supuesto de homogeneidad de varianzas por tener una nivel de significancia mayor 0.05.

Tipo de ripio que se usó en el hormigón

Tabla 12

Prueba de Levene(Tipo de ripio)

		Estadístico de Levene	df1	df2	Sig.
Resistencia a la compresión del cilindro de hormigón medido en Mpa.	Se basa en la media	0.016	1	30	0.900
	Se basa en la mediana	0.001	1	30	0.981
	Se basa en el mediana y con gl ajustado	0.001	1	29.869	0.981
	Se basa en la media recortada	0.36	1	30	0.851

Nota. Resultados generados en el programa estadístico IBM SPSS 22.

Tenemos varianzas iguales basándonos en la media con un nivel de significancia de 0.90, basándonos en la mediana 0.981, basándonos en la medina y grados de libertad ajustado de 0.981, y en la media recortada de 0.851, con esto cumple con el supuesto de homogeneidad de varianzas por tener una nivel de significancia mayor 0.05.

Tipo de arena que se usó en el hormigón

Tabla 13

Prueba de Levene(Tipo de arena)

		Estadístico de Levene	df1	df2	Sig.
Resistencia a la compresión del cilindro de hormigón medido en Mpa.	Se basa en la media	1.785	1	30	0.192
	Se basa en la mediana	0.756	1	30	0.392
	Se basa en el mediana y con gl ajustado	0.756	1	23.629	0.393
	Se basa en la media recortada	1.554	1	30	0.222

Nota. Resultados generados en el programa estadístico IBM SPSS 22.

Tenemos varianzas iguales basándonos en la media con un nivel de significancia de 0.192, basándonos en la mediana 0.392, basándonos en la medina y grados de libertad ajustado de 0.393, y en la media recortada de 0.222, con esto cumple con el supuesto de homogeneidad de varianzas por tener una nivel de significancia mayor 0.05.

Tipo de tiempos de curado que se usó en el hormigón

Tabla 14

Prueba de Levene(Tiempos de curado)

		Estadístico de Levene	df1	df2	Sig.
Resistencia a la compresión del cilindro de hormigón medido en Mpa.	Se basa en la media	3.112	1	30	0.088
	Se basa en la mediana	0.735	1	30	0.398
	Se basa en el mediana y con gl ajustado	0.735	1	20.777	0.401
	Se basa en la media recortada	2.349	1	30	0.136

Nota. Resultados generados en el programa estadístico IBM SPSS 22.

Tenemos varianzas iguales basándonos en la media con un nivel de significancia de 0.088, basándonos en la mediana 0.398, basándonos en la medina y grados de libertad ajustado de 0.401, y en la media recortada de 0.136, con esto cumple con el supuesto de homogeneidad de varianzas por tener una nivel de significancia mayor 0.05.

En síntesis, se cumple con el supuesto de homocedasticidad de varianzas.

4.2.3 Independencia

La violación de este supuesto indica la deficiencia del modelo o el experimento. Cabe señalar que para cumplir con el principio de aleatorización y probar el supuesto de independencia, se consideró lo siguiente: a los cilindros se les asignó una identificación de cada una de las mezclas de hormigón al azar, adicionalmente también se seleccionaron aleatoriamente los cilindros para curado en 7 o 14 días, posteriormente registrando el orden que se siguió con las compresiones, siguiendo este proceso se pudo tener información para probar el supuesto de independencia a través del test de Durbin Watson y verificando mediante la tabla de los límites dl y du(ver anexo 1), por lo tanto se prueba las siguientes hipótesis:

Ho: Los datos no tienen correlación en sus perturbaciones(no existe autocorrelación).
Ha: Los datos tienen correlación en sus perturbaciones(existe autocorrelación).

- **Método Analítico**

Tabla 15

Prueba Durbin Watson

Modelo	R	R cuadrado	R cuadrado ajustado	Error estándar de la estimación	Durbin - Watson
1	0.087	0.008	-0.25	3.2790	1.821

Nota. Resultado generado en el programa estadístico IBM SPSS 22.

DW=	**1.82**
n=	32
dl=	1.177
du=	1.732
4-dl=	2.823
4-du=	2.268

Se observa que no existe correlación serial en el residuo de los datos con un valor DW de 1.82, con el cual se encuentra dentro de la zona de no rechazar Ho tomando en consideración la tabla de significación 0.05 Durbin Watson(ver anexo 2), y posteriormente calculado los límites, esto representa que no existe contaminación en la medición en el experimento, por lo tanto, el supuesto de independencia se cumple.

- **Método Gráfico**

Figura 26

Método gráfico de aleatoriedad(Independencia)

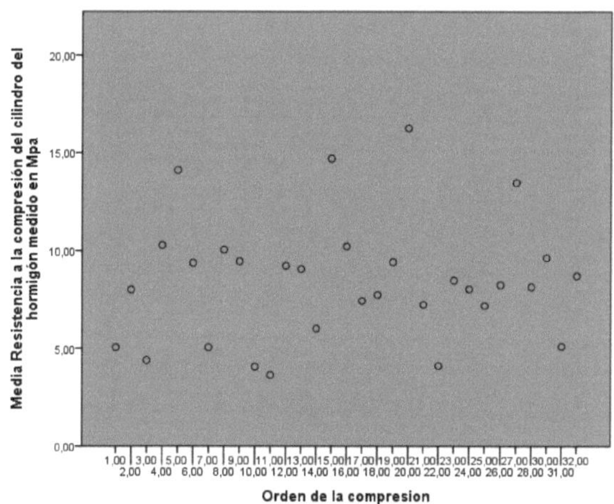

Nota. El gráfico representa las aleatoriedad de las resistencias a la compresión axial simple de los cilindros de hormigón.

Al ver la figura 26, observamos que los datos tienen aleatoriedad y con eso cumplimos con el supuesto de independencia.

En conclusión, con un nivel de significación del 0.05 y aplicando los test apropiados se verifica el cumplimiento de los supuestos: de normalidad, homocedasticidad e independencia del modelo.

4.3 Análisis de Descriptivo

Se realiza una observación primaria de los datos y su comportamiento, ante los factores principales que influyen en la resistencia a la compresión axial simple de los cilindros de hormigón.

Figura 27

Porcentaje de las sumas de resistencias a la compresión medida en Mpa, de los tratamientos.

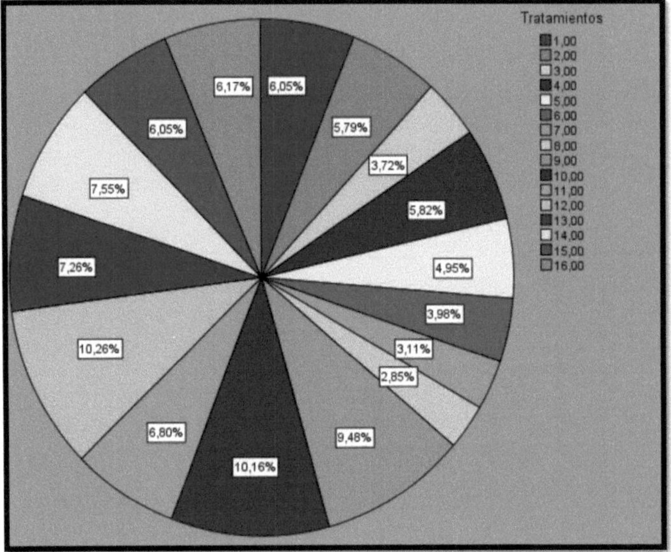

Nota. Gráfico de pastel de los porcentajes de las sumas de las resistencias de los 16 tratamientos.

De la figura 27, los tratamientos: 9 (agua potable, ripio de cantera, arena de cantera, 28 días de curado), 10 (agua de río, ripio de cantera, arena de cantera, 28 días de curado) y 12 (agua de río, ripio de río, arena de cantera, 28 días de curado); recogen más de la cuarta parte de las resistencias porcentuales de todas las resistencias de los cilindros de hormigón medido en Mpa, siendo la suma de estos tres tratamientos el 29.9%, en cambio, se debe considerar que el tratamiento 8(agua de río, ripio de río, arena de río, 7 días de curado), recoge el menor porcentaje de todos los tratamientos en la suma de sus resistencias con 2.85%.

Figura 28

Diagrama de caja de los 16 tratamientos

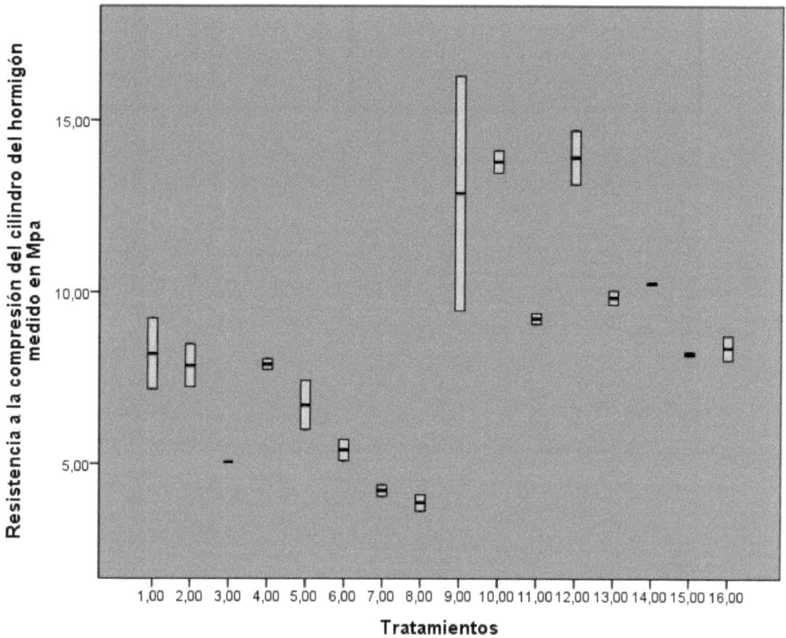

Nota. Resultados obtenidos en el programa SPSS.

De la figura 28, los 16 tratamientos formados con las combinaciones de los niveles de los factores, se observa, que el tratamiento 8 (agua de río, ripio de río, arena de río,7 días de curado) tiene la más baja resistencia de 3.63 Mpa, mientras que el tratamiento 9 (agua potable, ripio de cantera, arena de cantera, 28 días de curado), se observa la resistencia más alta de 16.27 Mpa.

Figura 29

Medias marginales por el tipo de agua

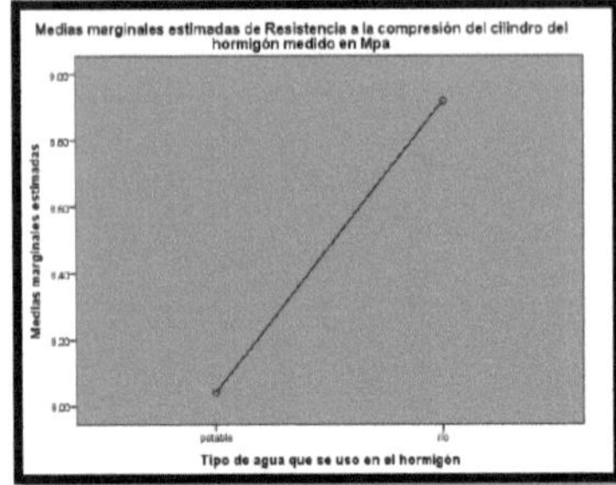

Nota. Gráfica medias marginales de las tipo de resistencias agua.

Figura 30

Diagrama de caja por el tipo de agua

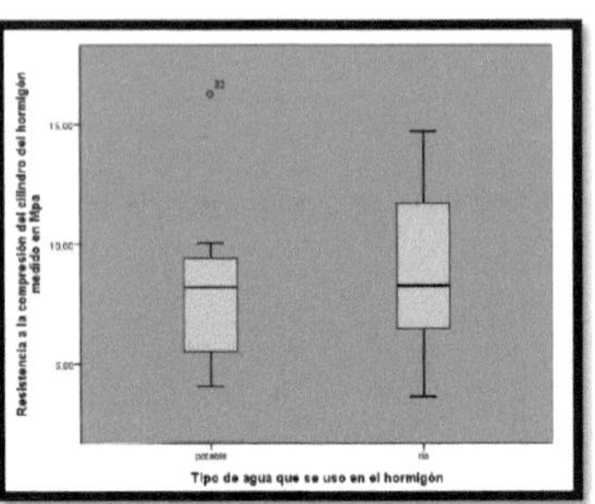

Nota. Gráfico del diagrama de caja de las resistencias por el tipo de agua.

En el figura 29, que se ubica a la izquierda, con la utilización de agua potable se obtiene menor resistencia promedio a la compresión axial simple de 8.04 Mpa, mientras que, usando agua de río, la resistencias promedio es de 8.92 Mpa.

En el figura 30, que se ubica de la derecha, el 50 % de las mezclas de hormigón tienen hasta 8.20 Mpa cuando se realizaron con agua potable, en cambio, el 50 % de las mezclas de hormigón tienen hasta 8.27 Mpa cuando se realizaron con agua de río.

En síntesis, según el análisis de la figura 29 y 30, se puede decir que se tiene mejores resistencias a la compresión axial simple usando agua de río, aunque como se aprecia más adelante no hay una diferencia significativa con el agua potable en el hormigón.

Figura 31

Medias marginales por el tipo de ripio

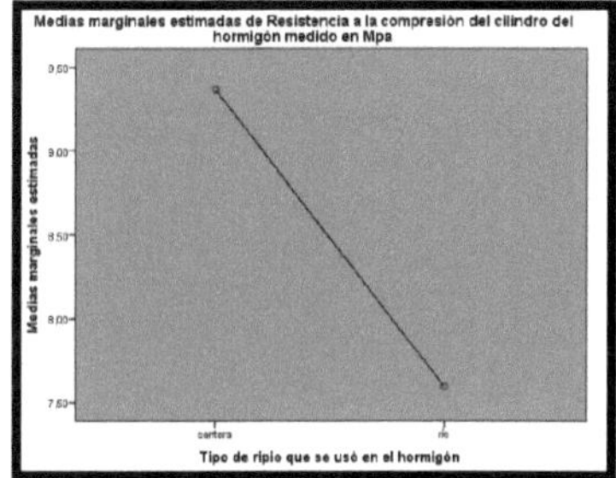

Nota. Gráfica medias marginales de las resistencias tipo de ripio.

Figura 32

Diagrama de caja por el tipo de ripio

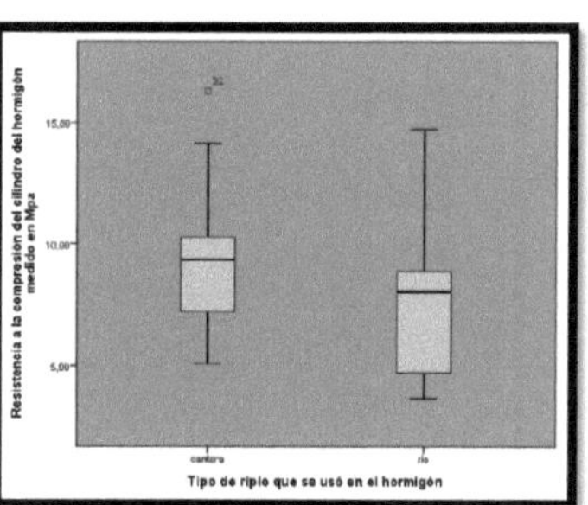

Nota. Gráfico del diagrama de caja de las resistencias por el tipo de ripio.

En el figura 31, que se ubica a la izquierda, con la utilización de ripio de cantera se obtiene mayor resistencia promedio a la compresión axial simple de 9.37 Mpa, mientras que, usando ripio de río, la resistencias promedio es de 7,59 Mpa.

En el figura 32, que se ubica de la derecha , el 50 % de las mezclas de hormigón tienen hasta 9.34 Mpa cuando se realizaron con ripio de cantera, en cambio, el 50 % de las mezclas de hormigón tienen hasta 8.03 Mpa cuando se realizaron con ripio de río.

En síntesis, según el análisis de la figura 31 y 32, se puede decir que se tiene mejores resistencias a la compresión axial simple usando ripio de cantera, aunque como se aprecia más adelante hay una diferencia significativa con el ripio de río en el hormigón.

Figura 33

Medias marginales por el tipo de arena

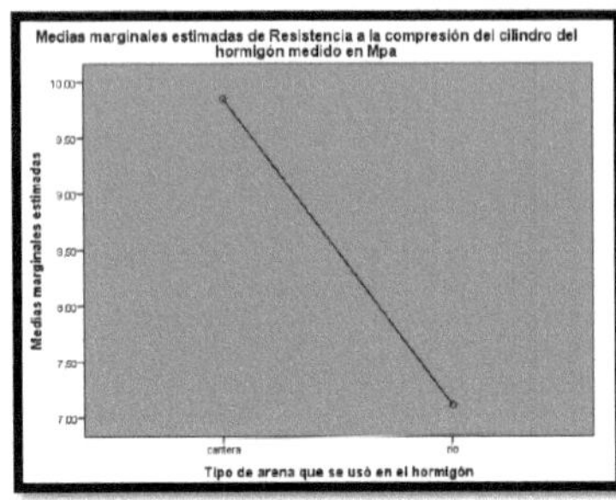

Nota. Gráfica medias marginales de las resistencias por el tipo de arena.

Figura 34

Diagrama de caja por el tipo de arena

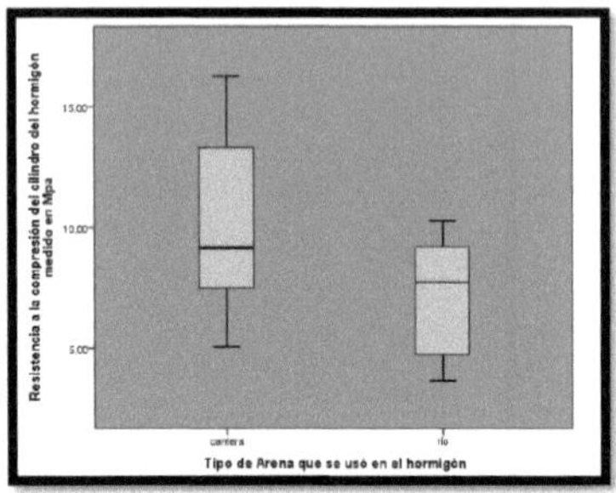

Nota. Gráfica del diagrama de caja de las resistencias por el tipo de arena.

En el figura 33, que se ubica a la izquierda, con la utilización de arena de cantera se obtiene mayor resistencia promedio a la compresión axial simple de 9.852 Mpa, mientras que, usando ripio de río, la resistencias promedio a la compresión axial simple es de 7,110 Mpa.

En el figura 34, que se ubica de la derecha , el 50 % de las mezclas de hormigón tienen hasta 9.15 Mpa cuando se realizaron con arena de cantera, en cambio, el 50 % de las mezclas de hormigón tienen hasta 7.72 Mpa cuando se realizaron con arena de río.

En síntesis, según el análisis de la figura 33 y 34, se puede decir que se tiene mejores resistencias a la compresión axial simple usando arena de cantera, aunque como se aprecia más adelante hay una diferencia significativa con el arena de río en el hormigón.

Figura 35

Medias marginales por tipo de curado

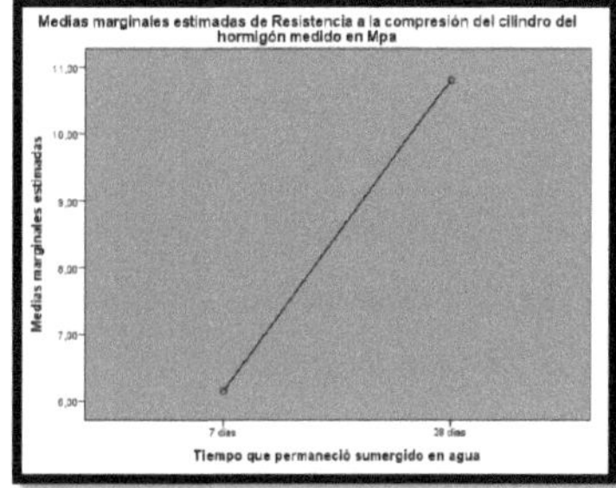

Nota. Gráfica de medias marginales de las resistencias por el tipo de curado.

Figura 36

Diagrama de caja por el tipo de curado

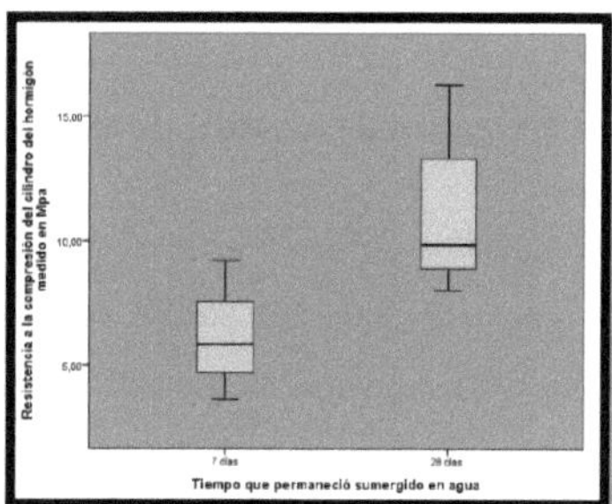

Nota. Gráfica del diagrama de caja de las resistencias por el tipo de curado.

En el figura 35, que se ubica a la izquierda, con 7 días de curado se obtiene mayor resistencia promedio a la compresión axial simple de 6.15 Mpa, mientras que, con 28 días de curado, la resistencias promedio a la compresión axial simple es de 10.81 Mpa.

En el figura 36, que se ubica de la derecha , el 50 % de las mezclas de hormigón tienen hasta 5.86 Mpa cuando se tienen 7 días de curado, en cambio, el 50 % de las mezclas de hormigón tienen hasta 9.85 Mpa cuando tienen 28 días de curado.

En síntesis, según el análisis de la figura 35 y 36, se puede decir que se tiene mejores resistencias a la compresión axial simple cuando se tiene 28 días de curado en el hormigón, aunque como se aprecia más adelante hay una diferencia significativa cuando se tiene 7 días de curado en el hormigón.

Según el análisis descriptivo se observa que las mezclas de hormigón realizadas con agua potable y con agua de río registra similares resistencias en promedio, aunque con una ligera diferencia mayor utilizando agua de río, mientras que las diferencias de los niveles entre los otros factores: ripio, arena y tiempos de curado; son grandes, específicamente las mayores resistencias obtenidas de ripio de cantera, arena de cantera a un tiempo de curado de 28 días, en consecuencia, dan lugar a obtener hormigones de buena calidad, además, según la figura 28 se puede observar que el tratamiento 9 formado por la mezcla: agua potable, ripio de cantera, arena de cantera a 28 días de curado; es la que registra mayor resistencia a la compresión axial simple.

4.4 Cuadro de Análisis de Varianza

Resultados de análisis de varianzas de los datos obtenidos en las resistencias de la compresión axial simple de cilindros de hormigón usando los factores principales e interacciones del agua, el ripio, la arena y los tiempos de curado:

Tabla 16

Cuadro de análisis de varianzas

Factor de Variación	Tipo III de suma de cuadrados	gl	Cuadrático promedio	F	Sig.	Decisión a un nivel de sig. de 0.05
Tratamientos	294,482[a]	15	19.632	10.708	.000	Rechazo Ho
Agua	6.178	1	6.178	3.370	.085	Acepto Ho
Ripio	***25.161***	***1***	***25.161***	***13.724***	***.002***	***Rechazo Ho***
Arena	***60.124***	***1***	***60.124***	***32.794***	***.000***	***Rechazo Ho***
Tiemp_curado	***173.431***	***1***	***173.431***	***94.596***	***.000***	***Rechazo Ho***
Agua * Ripio	7.383	1	7.383	4.027	.062	Acepto Ho
Agua * Arena	***10.659***	***1***	***10.659***	***5.814***	***.028***	***Rechazo Ho***
Agua * Tiemp_curado	3.585	1	3.585	1.955	.181	Acepto Ho
Ripio * Arena	.105	1	.105	.057	.814	Acepto Ho
Ripio * Tiemp_curado	.001	1	.001	.001	.978	Acepto Ho
Arena * Tiemp_curado	2.344	1	2.344	1.279	.275	Acepto Ho
Agua * Ripio * Arena	4.873	1	4.873	2.658	.123	Acepto Ho
Agua * Ripio * Tiemp_curado	.048	1	.048	.026	.873	Acepto Ho
Agua * Arena * Tiemp_curado	.096	1	.096	.052	.822	Acepto Ho
Ripio * Arena * Tiemp_curado	.101	1	.101	.055	.817	Acepto Ho
Agua * Ripio * Arena * Tiemp_curado	.391	1	.391	.213	.650	Acepto Ho
Error	29.334	16	1.833			
Total	2625.407	32				
Total corregido	323.816	31				

Nota. Cuadro ANOVA realizado en el programa estadístico IBM SPSS 22, modificado en Excel, la variable dependientes es las resistencias a la compresión axial simple medido e Mpa, se tiene un R^2=0.909(R ajustado de 0.824).

Tomando en consideración el coeficiente de determinación $R^2 = 0.909$, es decir, el 90% de los datos obtenidos de las resistencias a la compresión axial simple de cilindros de hormigón está explicada por los factores: agua, arena, ripio y tiempo de curado; se tiene una representatividad alta.

4.4.1 Contraste de hipótesis

- Efecto principal del agua:

Ho:$\propto_1 = \propto_2 = \mathbf{0}$

Ha:$\propto_1 \neq \propto_2 \neq \mathbf{0}$

El p-valor es 0.085, siendo este mayor que el nivel de significancia de 0.05, por lo tanto, se acepta la hipótesis nula, el agua que se usó en el hormigón no es significativo, en la resistencia a la compresión, pero a un nivel de significación del 0.10, es significativa.

- Efecto principal del ripio:

Ho:$\boldsymbol{\beta_1} = \boldsymbol{\beta_2} = \mathbf{0}$

Ha:$\boldsymbol{\beta_1} \neq \boldsymbol{\beta_2} \neq \mathbf{0}$

El p-valor es 0.002, siendo este menor que el nivel de significancia de 0.05, por lo tanto, se rechaza la hipótesis nula, el ripio que se usó en el hormigón es significativo.

- Efecto principal del arena:

Ho:$\gamma_1 = \gamma_2 = \mathbf{0}$

Ha:$\gamma_1 \neq \gamma_2 \neq \mathbf{0}$

El p-valor es 0.000, siendo este menor que el nivel de significancia de 0.05, por lo tanto, se rechaza la hipótesis nula, la arena que se usó en el hormigón es significativa.

- Efecto principal de tiempos de curado:

Ho: $\boldsymbol{\delta_1} = \boldsymbol{\delta_2} = \mathbf{0}$

Ha: $\boldsymbol{\delta_1} \neq \boldsymbol{\delta_2} \neq \mathbf{0}$

El p-valor es 0.000, siendo este menor que el nivel de significancia de 0.05, por lo tanto, se rechaza la hipótesis nula, el tiempo de curado en el hormigón es significativo.

- Efecto de la interacción: agua-ripio:

Ho: $\boldsymbol{\alpha\beta_{ij}} = \mathbf{0}$

Ha: $\boldsymbol{\alpha\beta_{ij}} \neq \mathbf{0}$

El p-valor es 0.062, siendo este mayor que el nivel de significancia de 0.05, por lo tanto, se acepta la hipótesis nula, la interacción entre los factores agua y ripio no es significativo en la resistencia a la compresión, pero a un nivel de significación del 0.10, es significativa.

- Efecto de la interacción: agua-arena:

Ho: $\boldsymbol{\alpha}\gamma_{ik} = \mathbf{0}$

Ha: $\boldsymbol{\alpha}\gamma_{ik} \neq \mathbf{0}$

El p-valor es 0.028, siendo este menor que el nivel de significancia de 0.05, por lo tanto, se rechaza la hipótesis nula, la interacción entre los factores agua y arena es significativo.

- Efecto de la interacción: agua-tiempos de curado:

Ho: $\boldsymbol{\alpha\delta_{il}} = \mathbf{0}$

Ha: $\boldsymbol{\alpha\delta_{il}} \neq \mathbf{0}$

El p-valor es 0.181, siendo este mayor que el nivel de significancia de 0.05, por lo tanto, se acepta la hipótesis nula, la interacción agua-tiempos de curado que se usó en el hormigón no es significativo.

- Efecto de la interacción: ripio-arena:

Ho:$\boldsymbol{\beta}\gamma_{jk} = \mathbf{0}$

Ha:$\boldsymbol{\beta}\gamma_{jk} \neq \mathbf{0}$

El p-valor es 0.81, siendo este mayor que el nivel de significancia de 0.05, por lo tanto, se acepta la hipótesis nula, la interacción ripio-arena que se usó en el hormigón no es significativo.

- Efecto de la interacción: ripio-tiempos de curado:

Ho:$\boldsymbol{\beta\delta}_{jk} = \mathbf{0}$

Ha:$\boldsymbol{\beta\delta}_{jk} \neq \mathbf{0}$

El p-valor es 0.978, siendo este mayor que el nivel de significancia de 0.05, por lo tanto, se acepta la hipótesis nula, la interacción ripio-tiempos de curado que se usó en el hormigón no es significativo.

- Efecto de la interacción: arena-tiempos de curado:

Ho:$\gamma\boldsymbol{\delta}_{kl} = \mathbf{0}$

Ha:$\gamma\boldsymbol{\delta}_{kl} \neq \mathbf{0}$

El p-valor es 0.275, siendo este mayor que el nivel de significancia de 0.05, por lo tanto, se acepta la hipótesis nula, la interacción arena-tiempos de curado que se usó en el hormigón no es significativo.

- Efecto de la interacción: agua-ripio-arena:

Ho:$\boldsymbol{\alpha\beta}\gamma_{ijk} = \mathbf{0}$

Ha:$\boldsymbol{\alpha\beta}\gamma_{ijk} \neq \mathbf{0}$

El p-valor es 0.123, siendo este mayor que el nivel de significancia de 0.05, por lo tanto, se acepta la hipótesis nula, la interacción agua-ripio-arena que se usó en el hormigón no es significativo.

- Efecto de la interacción: agua-ripio-tiempos de curado:

Ho:$\boldsymbol{\alpha\beta\delta_{ijl} = 0}$

Ha:$\boldsymbol{\alpha\beta\delta_{ijl} \neq 0}$

El p-valor es 0.873, siendo este mayor que el nivel de significancia de 0.05, por lo tanto, se acepta la hipótesis nula, la interacción agua-ripio-tiempos de curado que se usó en el hormigón no es significativo.

- Efecto de la interacción: agua-arena-tiempos de curado:

Ho:$\boldsymbol{\alpha\gamma\delta_{ikl} = 0}$

Ha:$\boldsymbol{\alpha\gamma\delta_{ikl} \neq 0}$

El p-valor es 0.822, siendo este mayor que el nivel de significancia de 0.05, por lo tanto, se acepta la hipótesis nula, la interacción agua-arena-tiempos de curado que se usó en el hormigón no es significativo.

- Efecto de la interacción: arena-ripio-tiempos de curado:

Ho:$\boldsymbol{\beta\gamma\delta_{jkl} = 0}$

Ha:$\boldsymbol{\beta\gamma\delta_{jkl} \neq 0}$

El p-valor es 0.817, siendo este mayor que el nivel de significancia de 0.05, por lo tanto, se acepta la hipótesis nula, la interacción arena-ripio-tiempos de curado que se usó en el hormigón no es significativo.

- Efecto de la interacción: agua-ripio-arena-tiempos de curado:

Ho:$\boldsymbol{\alpha\beta\gamma\delta_{ijkl} = 0}$

Ha:$\boldsymbol{\alpha\beta\gamma\delta_{ijkl} \neq 0}$

El p-valor es 0.650, siendo este mayor que el nivel de significancia de 0.05, por lo tanto, se acepta hipótesis nula, la interacción agua-ripio-arena-tiempos de curado que se usó en el hormigón no es significativo.

De los 15 contrastes de hipótesis realizados y probados a un nivel de significancia del 0.05, según test F-Fisher, los factores: ripio, arena y tiempos de curado; y la interacción agua-arena; son significativos al nivel 0.05, cabe señalar que el factor agua e interacción agua-ripio; son significativos al nivel 0.10, más adelante se realizará un análisis más desagregado de efectos principales y parciales, teniendo prioridad en los resultados significativos obtenidos.

4.4.2 Análisis de efectos principales y parciales de los factores e interacciones significativos

Se interpretará los efectos principales y efectos parciales calculadas(ver anexo 3) para observar el aporte de cada uno a las resistencias a la compresión axial simple.

- **Efecto principal del factor agua:**

La calidad del hormigón medida a través de la resistencia media a la compresión axial simple, se incrementa en 0.878 Mpa, cuando se utiliza agua de río, manteniéndose constante los factores: ripio, arena y tiempos de curado.

- **Efectos parciales del factor agua:**

1. a-1=-0.3435

La resistencia promedio a la compresión axial simple de los cilindros de hormigón decrece en 0.3435 Mpa, cuando se utiliza agua de río, manteniéndose constante: ripio de cantera, arena de cantera a 7 días de tiempo de curado, esto no aporta a la calidad del hormigón.

2. ab-b=2.852

La resistencia promedio a la compresión axial simple de los cilindros de hormigón se incrementa en 2.852 Mpa, cuando se utiliza agua de río, manteniéndose constante: ripio de río, arena de cantera a 7 días de tiempo de curado, esto aporta a la calidad del hormigón.

3. ac-c=-1.3145

La resistencia promedio a la compresión axial simple de los cilindros de hormigón decrece en 1.3145 Mpa, cuando se utiliza agua de río, manteniéndose constante: ripio de cantera, arena de río a 7 días de tiempo de curado, esto no aporta a la calidad del hormigón.

4. abc-bc=-0.3565

La resistencia promedio a la compresión axial simple de los cilindros de hormigón decrece en 0.3565 Mpa, cuando se utiliza agua de río, manteniéndose constante: ripio de río, arena de río a 7 días de tiempo de curado, esto no aporta a la calidad del hormigón.

5. ad-d=0.9275

La resistencia promedio a la compresión axial simple de los cilindros de hormigón se incrementa en 0.9275 Mpa, cuando se utiliza agua de río, manteniéndose constante: ripio de cantera, arena de cantera a 28 días de tiempo de curado, esto aporta a la calidad del hormigón.

6. abd-bd=4.6965

La resistencia promedio a la compresión axial simple de los cilindros de hormigón se incrementa en 4.6965 Mpa, cuando se utiliza agua de río, manteniéndose constante: ripio de río, arena de cantera a 28 días de tiempo de curado, esto aporta a la calidad del hormigón.

7. acd-cd=0.403

La resistencia promedio a la compresión axial de los cilindros de hormigón se incrementa en 0.403 Mpa, cuando se utiliza agua de río, manteniendo constante: ripio de cantera, arena de río a un tiempo de curado a los 28 días, aporta a la calidad del hormigón.

8. abdc-bdc=0.166

La resistencia promedio a la compresión axial simple de los cilindros de hormigón se incrementa en 0.166 Mpa, cuando se utiliza agua de río, manteniéndose constante: ripio de río, arena de río a 28 días de tiempo de curado, esto aporta a la calidad del hormigón.

- **Efecto principal del factor ripio:**

La calidad del hormigón medida a través de la resistencia media a la compresión axial simple, decrece en 1.77 Mpa, cuando se utiliza ripio de río, manteniéndose constante los factores: agua, arena y los tiempos de curado.

- **Efectos parciales del factor ripio:**

1. b -1= -3.1575

La resistencia promedio a la compresión axial simple de los cilindros de hormigón decrece en 3.1575 Mpa, cuando se utiliza ripio de río, manteniéndose constante: el agua potable, arena de cantera a 7 días de tiempo de curado, esto no aporta a la calidad del hormigón.

2. ab - a= 0.038

La resistencia promedio a la compresión axial simple de los cilindros de hormigón se incrementa en 0.038 Mpa, cuando se utiliza ripio de río, manteniéndose constante: el agua de río, arena de cantera a 7 días de tiempo de curado, esto aporta a la calidad del hormigón.

3. bc - c= -2.493

La resistencia promedio a la compresión axial simple de los cilindros de hormigón decrece en 2.493 Mpa, cuando se utiliza ripio de río, manteniéndose constante: el agua de potable, arena de río a 7 días de tiempo de curado, esto no aporta a la calidad del hormigón.

4. abc - ac= -1.535

La resistencia promedio a la compresión axial simple de los cilindros de hormigón se incrementa en 1.535 Mpa, cuando se utiliza ripio de río, manteniéndose constante: el agua de río, arena de río a 7 días de tiempo de curado, esto no aporta a la calidad del hormigón.

5. bd - d= -3.6425

La resistencia promedio a la compresión axial simple de los cilindros de hormigón decrece en 3.6425 Mpa, cuando se utiliza ripio de río, manteniéndose constante: el agua potable, arena de cantera a 28 días de tiempo de curado, esto no aporta a la calidad del hormigón.

6. abd - ad= 0.1265

La resistencia promedio a la compresión axial simple de los cilindros de hormigón se incrementa en 0.1265 Mpa, cuando se utiliza de ripio de río, manteniéndose constante: el agua de río, arena de cantera a 28 días de tiempo de curado, esto aporta a la calidad del hormigón.

7. bcd - cd= -1.6435

La resistencia promedio a la compresión axial simple de los cilindros de hormigón decrece en 1.6435 Mpa, cuando se usa de ripio de río, manteniéndose constante: el agua potable, arena de río a 28 días de tiempo de curado, esto no aporta a la calidad del hormigón.

8. abcd - acd= -1.8805

La resistencia promedio a la compresión axial simple de los cilindros de hormigón decrece en 1.8805 Mpa, cuando se usa de ripio de río, manteniéndose constante: agua de río, arena de río a 28 días de tiempo de curado, esto no aporta a la calidad del hormigón.

- **Efecto principal del factor arena:**

La calidad del hormigón medida a través de la resistencia media a la compresión axial simple, decrece en 2.741 Mpa, cuando se utiliza arena de río, manteniéndose constante los factores: agua, el ripio y tiempos de curado.

- **Efectos parciales del factor arena:**

1. c - 1 = -1.4875

La resistencia promedio a la compresión axial simple de los cilindros de hormigón decrece en 1.4875 Mpa, cuando se utiliza arena de río, manteniéndose constante: el agua potable, ripio de cantera a 7 días de tiempo de curado, esto no aporta a la calidad del hormigón.

2. ac - a = -2.4585

La resistencia promedio a la compresión axial simple de los cilindros de hormigón decrece en 2.4585 Mpa, cuando se utiliza arena de río, manteniéndose constante: el agua de río, ripio de cantera a 7 días de tiempo de curado, esto no aporta a la calidad del hormigón.

3. bc - b = -0.823

La resistencia promedio a la compresión axial simple de los cilindros de hormigón decrece en 0.823 Mpa, cuando se utiliza arena de río, manteniéndose constante: el agua de potable, ripio de río a 7 días de tiempo de curado, esto no aporta a la calidad del hormigón.

4. abc - ab = -4.0315

La resistencia promedio a la compresión axial simple de los cilindros de hormigón decrece en 4.03515 Mpa, cuando se utiliza arena de río, manteniéndose constante: el agua de río, ripio de río a 7 días de tiempo de curado, esto no aporta a la calidad del hormigón.

5. cd - d = -3.0185

La resistencia promedio a la compresión axial simple de los cilindros de hormigón decrece en 3.0185 Mpa, cuando se utiliza arena de río, manteniéndose constante: el agua potable, ripio de cantera a 28 días de tiempo de curado, esto no aporta a la calidad del hormigón.

6. acd - ad = -3.543

La resistencia promedio a la compresión axial simple de los cilindros de hormigón decrece en 3.543 Mpa, cuando se utiliza arena de río, manteniéndose constante: el agua de río, ripio de cantera a 28 días de tiempo de curado, esto no aporta a la calidad del hormigón.

7. bcd - bd = -1.0195

La resistencia promedio a la compresión axial simple de los cilindros de hormigón decrece en 1.0195 Mpa, cuando se utiliza arena de río, manteniéndose constante: el agua potable, ripio de río a 28 días de tiempo de curado, esto no aporta a la calidad del hormigón.

8. abcd - abd = -5.55

La resistencia promedio a la compresión axial simple de los cilindros de hormigón decrece en 5.55 Mpa, cuando se utiliza arena de río, manteniéndose constante: el agua de río, ripio de río a 28 días de tiempo de curado, esto no aporta a la calidad del hormigón.

- **Efecto principal del factor tiempos de curado:**

La calidad del hormigón medida a través de la resistencia media a la compresión axial simple, se incrementa en 4.656 Mpa, cuando se tiene un tiempo de curado de 28 días, manteniéndose constante los factores: agua, ripio y arena.

- **Efectos parciales del factor tiempos de curado:**

1. d – 1 = 4.661

La resistencia promedio a la compresión axial simple de los cilindros de hormigón se incrementa en 4.661 Mpa, cuando se tiene un tiempo de curado de 28 días, manteniéndose constante: el agua potable, ripio de cantera y arena de cantera, esto aporta a la calidad del hormigón.

2. ad - a = 5.932

La resistencia promedio a la compresión axial simple de los cilindros de hormigón se incrementa en 5.932 Mpa, cuando se tiene un tiempo de curado de 28 días, manteniéndose constante: el agua de río, ripio de cantera y arena de cantera, esto aporta a la calidad del hormigón.

3. bd - b = 4.176

La resistencia promedio se incrementa en 4.176 Mpa, cuando se tiene un tiempo de curado de 28 días, manteniéndose constante: el agua potable, ripio de río y arena de cantera, esto aporta a la calidad del hormigón.

4. abd - ab = 6.0205

La resistencia a la compresión axial simple de los cilindros de hormigón promedio se incrementa en 6.0205 Mpa, cuando se tiene un tiempo de curado de 28 días, manteniéndose constante: el agua de río, ripio de río y arena de cantera, esto aporta a la calidad del hormigón.

5. cd - c = 3.13

La resistencia a la compresión axial simple de los cilindros de hormigón promedio se incrementa en 3.13 Mpa, cuando se tiene un tiempo de curado de 28 días, manteniéndose constante: el agua potable, ripio de cantera y arena de río, esto aporta a la calidad del hormigón.

6. acd - ac = 4.8475

La resistencia a la compresión axial simple de los cilindros de hormigón promedio se incrementa en 4.8475 Mpa, cuando se tiene un tiempo de curado de 28 días, manteniéndose constante: el agua de río, ripio de cantera y arena de río, esto aporta a la calidad del hormigón.

7. bcd - bc = 3.9795

La resistencia promedio a la compresión axial simple de los cilindros de hormigón se incrementa en 3.9795 Mpa, cuando se tiene un tiempo de curado de 28 días, manteniéndose constante: el agua potable, ripio de río y arena de río, esto aporta a la calidad del hormigón.

8. abcd - abc = 4.502

La resistencia promedio a la compresión axial simple de los cilindros de hormigón se incrementa en 4.502 Mpa, cuando se tiene un tiempo de curado de 28 días, manteniéndose constante: el agua de río, ripio de río y arena de río, esto aporta a la calidad del hormigón.

De los efectos principales se analiza que el agua de río incrementa la resistencia a la compresión axial simple del hormigón en 0.878 Mpa, manteniéndose constante los otros factores, siendo el efecto parcial con mayor aporte cuando se utiliza agua de río, manteniéndose constante: ripio de río, arena de cantera a 28 días de tiempo de curado, esto aporta a la calidad del hormigón en 4.6965 Mpa.

De los efectos principales se analiza que el ripio de río reduce la resistencia a la compresión axial simple del hormigón en 1.773 Mpa, manteniéndose constante los otros factores, siendo el efecto parcial con menor aporte cuando se utiliza ripio de río, manteniéndose constante: el agua potable, arena de cantera a 28 días de tiempo de curado, esto no aporta a la calidad del hormigón en 3.6425 Mpa.

De los efectos principales se analiza que la arena de río reduce la resistencia a la compresión axial simple del hormigón en 2.741 Mpa, manteniéndose constante los otros factores, siendo el efecto parcial con menor aporte cuando se utiliza arena de río, manteniéndose constante: el agua de río, ripio de río a 28 días de tiempo de curado, esto no aporta a la calidad del hormigón en 5.55 Mpa.

De los efectos principales se analiza que el tiempo de curado a los 28 días incrementa la resistencia a la compresión axial simple del hormigón en 4.6561 Mpa, manteniéndose constante los otros factores, siendo el efecto parcial con mayor aporte cuando se tiene 28 días de curado, manteniéndose constante: el agua de río, ripio de río y arena de cantera, esto aporta a la calidad del hormigón en 6.0205 Mpa.

4.4.3 Estimación media de la condición experimental

Se registra las estimaciones medias de las interacciones de los cuatro factores en conjunto con sus respectivos niveles.

Tabla 17

Estimación media de los factores agua-ripio-arena de cantera-tiempos de curado 7 días

Arena de cantera-Tiempo de curado 7 días		
Agua	Ripio	
	cantera	río
potable	8.205	5.047
río	7.861	7.899

Nota. Resultados obtenidos en el software R-Studio.

La mayor estimación media a la resistencia a la compresión axial es de 8.205 Mpa, con la mezcla de: agua potable, ripio de cantera, arena de cantera a los 7 días de tiempo de curado.

Tabla 18

Estimación media de los factores agua-ripio-arena de río-tiempos de curado 7 días

Arena de río-Tiempo de curado 7 días		
Agua	Ripio	
	cantera	río
potable	6.717	4.224
río	5.403	3.868

Nota. Resultados obtenidos en el software R-Studio.

La mayor estimación media a la resistencia a la compresión axial es de 6.717 Mpa, con la mezcla de: agua de río, ripio de cantera, arena de río a los 28 días de tiempo de curado.

Tabla 19

Estimación media de los factores agua-ripio-arena de cantera-tiempos de curado de 28 días

Arena de cantera-Tiempo de curado 28 días		
Agua	Ripio	
	cantera	río
potable	12.866	9.223
río	13.793	13.920

Nota. Resultados obtenidos en el software R-Studio.

La mayor estimación media a la resistencia a la compresión axial es de 13.920 Mpa, con la mezcla de: agua de río, ripio de río, arena de río a los 28 días de tiempo de curado.

Tabla 20

Estimación media de los factores agua-ripio-arena de río-tiempos de curado 28 días

Arena de río-Tiempo de curado 28 días		
Agua	Ripio	
	cantera	río
potable	9.847	8.204
río	10.250	8.370

Nota. Resultados obtenidos en el software R-Studio.

La mayor estimación media a la resistencia a la compresión axial es de 10.250 Mpa, con la mezcla de: agua río, ripio de cantera, arena de río a los 28 días de tiempo de curado.

En síntesis, la estimación media con mayor resistencia a la compresión axial simple es la mezcla de: agua de río, ripio de río, arena de cantera a los 28 días de curado; tenemos las mayor estimación media a la resistencias a la compresión axial simple de 13.920 Mpa, sin embargo, hay una resistencia similar que pertenece a la mezcla: agua de río, ripio de cantera, arena de cantera a los 28 días de curado con una estimación media a la resistencia a la compresión axial simple de 13.793 Mpa.

4.4.4 Condición de mayor resistencia

Se evalúa las medias de las interacciones significativas, a través de las comparaciones múltiples con el test de Tukey, se tiene los siguientes resultados en forma analítica y gráfica:

Tabla 21

Comparaciones múltiples agua-arena

Interacción	Resistencia	Grupos
río-cantera	10.868125	a
potable-cantera	8.835000	a
potable-río	7.247875	a
río-río	6.972375	a

Nota. Test de Tukey son obtenidos en el software estadístico R-Markdown.

Tabla 22

Comparaciones múltiples agua-ripio

Interacción	Resistencia	Grupos
potable-cantera	9.408500	a
río-cantera	9.326625	a
río-río	8.513875	a
potable-río	6.674375	a

Nota. Test de Tukey son obtenidos en el software estadístico R-Markdown.

En la tabla 21, ubicada a la izquierda, al 0.05 de nivel de significancia la condición con mayor resistencia a la compresión axial simple promedio es la interacción entre los factores: agua-arena en nivel agua de río y arena de cantera se obtuvo una resistencia de 10.868 Mpa, en nivel de agua potable y arena de cantera se obtuvo una resistencia de 8.835 Mpa, en nivel de agua potable y arena de río se obtuvo una resistencia de 7.248 Mpa y en nivel de agua de río y arena de río se obtuvo una resistencia de 6.972 Mpa (ver figura 37).

En la tabla 22, ubicada a la derecha, al 0.10 de nivel de significancia la condición con mayor resistencia a la compresión axial simple promedio es la interacción entre los factores: agua-ripio en nivel agua potable y ripio de cantera se obtuvo una resistencia de 9.408 Mpa, en nivel agua río y ripio de cantera se obtuvo una resistencia de 9.327 Mpa, en nivel agua río y ripio de río se obtuvo una resistencia de 8.514 Mpa y en el nivel de agua de potable y ripio de río se obtuvo una resistencias de 6.674Mpa (ver figura 38).

Gráficamente podemos observar las interacciones:

Figura 37

Intersección de resistencias agua-arena

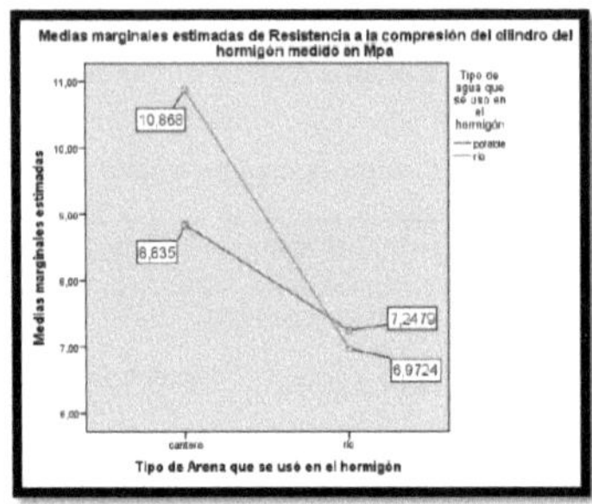

Nota. Gráfica de medias marginales de las resistencias por agua-ripio.

Figura 38

Intersección de resistencias agua-ripio

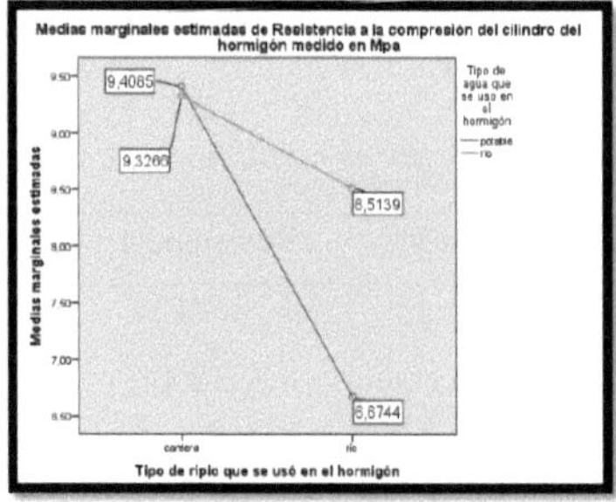

Nota. Gráfica de medias marginales de las resistencias por agua-arena.

En el figura 37, ubicado a la izquierda observamos que hay interacción. puesto que las rectas no son paralelas. Vemos como el tipo agua de río con arena de cantera tiene mayor eficacia en el hormigón para obtener mayor resistencia promedio a la compresión axial simple con 10.868 Mpa, difiere con el uso de agua potable con arena de cantera de 8.835 Mpa, pero no es significativa, como se prueba en la tabla 21.

En el figura 38, ubicado a la derecha observamos que hay interacción, puesto que las rectas no son paralelas. Vemos como el tipo de agua potable con ripio de cantera tiene mayor eficacia en el hormigón para obtener mayor resistencia promedio a la compresión axial simple con 9.4085 Mpa, aunque, no difiere de forma importante con el uso de agua de río y ripio de cantera en 9.3266 Mpa, como se prueba con la tabla 22.

Todas las otras parejas de interacciones: agua-tiempos de curado, ripio-arena, ripio-tiempos de curado y arena tiempos de curado, no existe intersección y no son significativas, como se observa en el cuadro de análisis de varianza(tabla 16), sin embargo, constan sus gráficas en el anexo 4.

5 CONCLUSIONES

Con los datos recuperados en el laboratorio de ensayo de materiales en la Planta de San Eduardo de la empresa Holcim en la ciudad de Guayaquil, en dónde se hicieron las mezclas de hormigón, se moldearon y se midieron las resistencias a las compresiones axiales simples de los cilindros, se registraron los resultados medidos en Mpa y se logró determinar la calidad del hormigón por la significancia de los factores en el experimento.

Cabe indicar que las mezclas de hormigón se hicieron con los materiales del Cantón Pedernales, Provincia de Manabí, como son: agua(A): potable(a1) y río(a2); ripio(B): cantera(b1) y río(b2); arena(C): cantera(c1) y río(c2); tiempo de curado (D): 7(d1) y 28(d2) días (tiempo en que los cilindros de hormigón, permanecieron sumergidos en el agua); estos factores fueron aleatorios a dos niveles diferentes y el cemento Holcim tipo Gu como un factor fijo en todas las mezclas, realizando este experimento se demuestra la incidencia de los materiales: ripio, arena y tiempos de curado; también de la interacción agua-arena, en la calidad del hormigón, medida a través de la resistencia a la compresión axial simple de los cilindros, según el cuadro de análisis de varianza(ver tabla 16).

Una vez probado los supuestos que exige el modelo: normalidad, homocedasticidad e independencia, con los test: Shapiro Wilk, Levene y Durbin Watson, respectivamente, se validó el diseño factorial 2^4 de efectos fijos, obteniendo 16 tratamientos con 2 réplicas y un total de 32 cilindros de hormigón con sus respectivas mediciones de resistencias a la compresión axial simple medido en Mpa.

Con el test F-Fisher se probaron los factores e interacciones y se rechazó la hipótesis nula, resultando significativos los factores: ripio, arena y tiempos de curado; por lo que existe diferencia significativa a un nivel de 0.05, de cada factor, estos, tienen incidencia en la calidad del hormigón, además se rechazó la hipótesis nula de la interacción agua-arena, la interacción entre estos dos materiales tienen un efecto significativo en la calidad del hormigón.

Analizando los efectos principales de los factores significativos, se concluye que, al utilizar ripio de río a cambio del ripio de cantera reduce la resistencia a la compresión axial simple del hormigón en 1.773 Mpa, manteniéndose los otros factores constantes, además, la arena de río a cambio de la arena de cantera reduce la resistencia a la compresión axial simple del hormigón en 2.741 Mpa, manteniéndose constante los otros factores, finalmente, el tiempo de curado a los 28 días incrementa la resistencia a la compresión axial simple del hormigón en 4.6561 Mpa, manteniéndose constante los otros factores.

Según el test de Tukey para comparaciones múltiples, la condición con mayor resistencia a la compresión axial simple promedio es la interacción entre los factores: agua-arena en nivel agua de río y arena de cantera se obtuvo una resistencia de 10.868 Mpa, en nivel de agua potable y arena de cantera se obtuvo una resistencia de 8.835 Mpa, en nivel de agua potable y arena de río se obtuvo una resistencia de 7.248 Mpa y en nivel de agua de río y arena de río se obtuvo una resistencia de 6.972 Mpa.

Las mayores resistencias de estimación media a la compresión axial simple son las mezclas de: agua de río, ripio de río, arena de cantera a los 28 días de curado alcanzando 13.920 Mpa, pero sin mucha diferencia en la mezcla: agua de río, ripio de cantera, arena de cantera a los 28 días de curado alcanzando 13.793 Mpa, sin embargo, cabe decir que no es significativa la interacción de los cuatro factores: agua, ripio, arena y tiempos de curado.

Tomando en consideración los resultados obtenidos y la experiencia en la presente investigación, se sugiere que, hacer un estudio con más factores donde se incluya el tipo de cemento por niveles de marca o tipos que produzca el fabricante, adicionalmente realizar una comparación de la calidad del hormigón, con materiales del Cantón Pedernales con un grupo de control. Se podría analizar la posibilidad de aplicar otro diseño experimental más robusto y comparar con los resultados obtenidos en esta investigación.

BIBLIOGRAFÍA

Argos. (14 de mayo de 2020). *Tipos de agregados y su influencia en el concreto.* Recuperado de 360 en concreto: Revisado en https://www.360enconcreto.com/blog/detalle/tipos-de-agregados-y-su-influencia-en-mezcla-de-concreto

Cristian Rodriguez. V., Edwin torres, C. (2018). *Fabricación de un dispositivo, para generar el curado acelerado en cilindros de hormigón, para evaluar la resistencia a la compresión en un tiempo menor a 24 horas.* Quito.

EL COMERCIO. (20 de 4 de 2016). *EL COMERCIO.* Recuperado de https://www.elcomercio.com/actualidad/hoteles-colapsaron-terremoto-manabi.html

El Diario. (2015). Recuperado de https://www.eldiario.ec/noticias-manabi-ecuador/366855-los-hogares-eran-construidos-con-materiales-tipicos/#:~:text=%E2%80%9CLa%20vivienda%20en%20Ecuador%20tiene,donde%20se%20construye%20la%20vivienda.&text=En%20el%20oriente%20eran%20construcciones,de%20p

El Diario. (09 de 2015). *El Diario.ec.*elconcreto. (18 de 01 de 2009). *elconcreto.* Recuperado: http://elconcreto.blogspot.com/search/label/Agragado%20Grueso%20del%20Concreto

ELVEC S.A. (2020). *Moldes de cilindros de concreto.* Obtenido de (Imagen): Recuperado de http://www.elvec.com.mx/pages/compania.html

Fundación Laboral de la Construcción. (2020). *Diccionario de la construcción.* Recuperado de http://www.diccionariodelaconstruccion.com/procesos-productivos-obra-civil/firmes-y-pavimentos/fraguado-1

Gonzáles, D. (2017). *Elaboración de guias de ensayo de hormigón fresco para laboratorio.* Quito.hcm hormigones. (22 de 2 de 2019). *CEMENTO, CONCRETO, HORMIGÓN Y HORMIGÓN ARMADO.* Recuperado de http://www.hcmhormigones.es/index.php/2019/02/22/cemento-concreto-hormigon-y-hormigon-armado/

Holcim. (14 de 02 de 2013). *Cemento Holcim Rocafuerte Tipo GU - El Cemento del Ecuador.* Obtenido de https://youtu.be/x4sfqsCe3FQ

Holcim. (2015). Cemento hidráulico Tipo GU para la construcción en general.

Holcim. (09 de 06 de 2016). *¿Cómo preparar hormigón correctamente con cemento Holcim?* Obtenido de https://youtu.be/2yBjG5rEPkY

Humberto Gutirrez P., Román de la Vara S. (2008). *Ánálisis y Disenó de Experimentos.* México.

INEN . (2010). *Hormigón de cemento hidráulico. Determoinación de la resistencia a la compresión especímenes cilindricos de hormigón de cemento hidráulico 1573.* Quito.

M., W. J. (2010). Introducción a la econometría . En W. J. M., *Introducción a la econometría* . Michigan.

Miranda A., Sánchez J. (2013). *Components principales de las carácteristicas de la vivienda del filo costanero del Ecuador.* Guayaquil.

Mnisterio de Desarrollo Urbano y Vivienda. (s.f.). *NEC (Peligro Sísmico).* Quito.

Montgomery, D. (2004). *Dieseño y Aálisis de Experimentos.* México : LIMUSA.

Nuñez, E. H. (1972). El cemento, ese gran desconocido. *Materiales de construcción,* 689-44. Obtenido de http://materconstrucc.revistas.csic.es

OVACEN. (2016). *Historia de la vivienda a través del tiempo.* Obtenido de https://ovacen.com/historia-de-la-vivienda-a-traves-del-tiempo/

Ronald E. Walpole, Raymond H. Myers, Sharon L. Myers. (2002). *Probabilidad y estadística para ingeniería y ciencias* . México : Pearson Educación.

telesurTV. (2 de mayo de 2016). *tlesurTV.net*. Recuperado de Revisado en https://www.telesurtv.net/news/Los-danos-economicos-tras-el-terremoto-de-Ecuador--20160502-0025.html

Zambrano, J. B. (2017). *Pedernales inicio el procesod de demolición de varios edificios afectados por el terremoto* . Pedernales: https://www.eluniverso.com/noticias/2017/05/08/nota/6174859/pedernales-inicio-proceso-demolicion-varios-edificios-afectados.

ANEXOS

Anexo 1. *Tabla Durbin Watson a nivel de significancia del 0.05.*

ESTADÍSTICO *d* DE DURBIN-WATSON: PUNTOS DE SIGNIFICANCIA DE d_L Y d_U AL NIVEL DE SIGNIFICANCIA DEL 0.05

	k' = 1		k' = 2		k' = 3		k' = 4		k' = 5		k' = 6		k' = 7		k' = 8		k' = 9		k' = 10	
n	d_L	d_U	d_L	d_U	d_L	d_U	d_L	d_U	d_L	d_U	d_L	d_U	d_L	d_U	d_L	d_U	d_L	d_U	d_L	d_U
6	0.610	1.400	—	—	—	—	—	—	—	—	—	—	—	—	—	—	—	—	—	—
7	0.700	1.356	0.467	1.896	—	—	—	—	—	—	—	—	—	—	—	—	—	—	—	—
8	0.763	1.332	0.559	1.777	0.368	2.287	—	—	—	—	—	—	—	—	—	—	—	—	—	—
9	0.824	1.320	0.629	1.699	0.455	2.128	0.296	2.588	—	—	—	—	—	—	—	—	—	—	—	—
10	0.879	1.320	0.697	1.641	0.525	2.016	0.376	2.414	0.243	2.822	—	—	—	—	—	—	—	—	—	—
11	0.927	1.324	0.658	1.604	0.595	1.928	0.444	2.283	0.316	2.645	0.203	3.005	—	—	—	—	—	—	—	—
12	0.971	1.331	0.812	1.579	0.658	1.864	0.512	2.177	0.379	2.506	0.268	2.832	0.171	3.149	—	—	—	—	—	—
13	1.010	1.340	0.861	1.562	0.715	1.816	0.574	2.094	0.445	2.390	0.328	2.692	0.230	2.985	0.147	3.266	—	—	—	—
14	1.045	1.350	0.905	1.551	0.767	1.779	0.632	2.030	0.505	2.296	0.389	2.572	0.286	2.848	0.200	3.111	0.127	3.360	—	—
15	1.077	1.361	0.946	1.543	0.814	1.750	0.685	1.977	0.562	2.220	0.447	2.472	0.343	2.727	0.251	2.979	0.175	3.216	0.111	3.438
16	1.106	1.371	0.982	1.539	0.857	1.728	0.734	1.935	0.615	2.157	0.502	2.388	0.398	2.624	0.304	2.860	0.222	3.090	0.155	3.304
17	1.133	1.381	1.015	1.536	0.897	1.710	0.779	1.900	0.664	2.104	0.554	2.318	0.451	2.537	0.356	2.757	0.272	2.975	0.198	3.184
18	1.158	1.391	1.046	1.535	0.933	1.696	0.820	1.872	0.710	2.060	0.603	2.257	0.502	2.461	0.407	2.667	0.321	2.873	0.244	3.073
19	1.180	1.401	1.074	1.536	0.967	1.685	0.859	1.848	0.752	2.023	0.649	2.206	0.549	2.396	0.456	2.589	0.369	2.783	0.290	2.974
20	1.201	1.411	1.100	1.537	0.998	1.676	0.894	1.828	0.792	1.991	0.692	2.162	0.595	2.339	0.502	2.521	0.416	2.704	0.336	2.885
21	1.221	1.420	1.125	1.538	1.026	1.669	0.927	1.812	0.829	1.964	0.732	2.124	0.637	2.290	0.547	2.460	0.461	2.633	0.380	2.806
22	1.239	1.429	1.147	1.541	1.053	1.664	0.958	1.797	0.863	1.940	0.769	2.090	0.677	2.246	0.588	2.407	0.504	2.571	0.424	2.734
23	1.257	1.437	1.168	1.543	1.078	1.660	0.986	1.785	0.895	1.920	0.804	2.061	0.715	2.208	0.628	2.360	0.545	2.514	0.465	2.670
24	1.273	1.446	1.188	1.546	1.101	1.656	1.013	1.775	0.925	1.902	0.837	2.035	0.751	2.174	0.666	2.318	0.584	2.464	0.506	2.613
25	1.288	1.454	1.206	1.550	1.123	1.654	1.038	1.767	0.953	1.886	0.868	2.012	0.784	2.144	0.702	2.280	0.621	2.419	0.544	2.560
26	1.302	1.461	1.224	1.553	1.143	1.652	1.062	1.759	0.979	1.873	0.897	1.992	0.816	2.117	0.735	2.246	0.657	2.379	0.581	2.513
27	1.316	1.469	1.240	1.556	1.162	1.651	1.084	1.753	1.004	1.861	0.925	1.974	0.845	2.093	0.767	2.216	0.691	2.342	0.616	2.470
28	1.328	1.476	1.255	1.560	1.181	1.650	1.104	1.747	1.028	1.850	0.951	1.958	0.874	2.071	0.798	2.188	0.723	2.309	0.650	2.431
29	1.341	1.483	1.270	1.563	1.198	1.650	1.124	1.743	1.050	1.841	0.975	1.944	0.900	2.052	0.826	2.164	0.753	2.278	0.682	2.396
30	1.352	1.489	1.284	1.567	1.214	1.650	1.143	1.739	1.071	1.833	0.998	1.931	0.926	2.034	0.854	2.141	0.782	2.251	0.712	2.363
31	1.363	1.496	1.297	1.570	1.229	1.650	1.160	1.735	1.090	1.825	1.020	1.920	0.950	2.018	0.879	2.120	0.810	2.226	0.741	2.333
32	1.373	1.502	1.309	1.574	1.244	1.650	1.177	1.732	1.109	1.819	1.041	1.909	0.972	2.004	0.904	2.102	0.836	2.203	0.769	2.306
33	1.383	1.508	1.321	1.577	1.258	1.651	1.193	1.730	1.127	1.813	1.061	1.900	0.994	1.991	0.927	2.085	0.861	2.181	0.795	2.281
34	1.393	1.514	1.333	1.580	1.271	1.652	1.208	1.728	1.144	1.808	1.080	1.891	1.015	1.979	0.950	2.069	0.885	2.162	0.821	2.257
35	1.402	1.519	1.343	1.584	1.283	1.653	1.222	1.726	1.160	1.803	1.097	1.884	1.034	1.967	0.971	2.054	0.908	2.144	0.845	2.236
36	1.411	1.525	1.354	1.587	1.295	1.654	1.236	1.724	1.175	1.799	1.114	1.877	1.053	1.957	0.991	2.041	0.930	2.127	0.868	2.216
37	1.419	1.530	1.364	1.590	1.307	1.655	1.249	1.723	1.190	1.795	1.131	1.870	1.071	1.948	1.011	2.029	0.951	2.112	0.891	2.198
38	1.427	1.535	1.373	1.594	1.318	1.656	1.261	1.722	1.204	1.792	1.146	1.864	1.088	1.939	1.029	2.017	0.970	2.098	0.912	2.180
39	1.435	1.540	1.382	1.597	1.328	1.658	1.273	1.722	1.218	1.789	1.161	1.859	1.104	1.932	1.047	2.007	0.990	2.085	0.932	2.164
40	1.442	1.544	1.391	1.600	1.338	1.659	1.285	1.721	1.230	1.786	1.175	1.854	1.120	1.924	1.064	1.997	1.008	2.072	0.952	2.149

Nota. Las tablas provienen del libro de Econometría Básica cuarta edición 2004, del profesor Damodar Gujarati.

Anexo 2. *Estadístico d de Durbin Watson, Puntos de significancia de dl y du, nivel de significancia del 0.05.*

ESTADÍSTICO d DE DURBIN-WATSON: PUNTOS DE SIGNIFICANCIA DE d_L Y d_U AL NIVEL DE SIGNIFICANCIA DEL 0.05

	$k'=1$		$k'=2$		$k'=3$		$k'=4$		$k'=5$		$k'=6$		$k'=7$		$k'=8$		$k'=9$		$k'=10$	
n	d_L	d_U	d_L	d_U	d_L	d_U	d_L	d_U	d_L	d_U	d_L	d_U	d_L	d_U	d_L	d_U	d_L	d_U	d_L	d_U
29	1.341	1.483	1.270	1.563	1.198	1.650	1.124	1.743	1.050	1.841	0.975	1.944	0.900	2.052	0.826	2.164	0.753	2.278	0.682	2.396
30	1.352	1.489	1.284	1.567	1.214	1.650	1.143	1.739	1.071	1.833	0.998	1.931	0.926	2.034	0.854	2.141	0.782	2.251	0.712	2.363
31	1.363	1.496	1.297	1.570	1.229	1.650	1.160	1.735	1.090	1.825	1.020	1.920	0.950	2.018	0.879	2.120	0.810	2.226	0.741	2.333
32	1.373	1.502	1.309	1.574	1.244	1.650	1.177	1.732	1.109	1.819	1.041	1.909	0.972	2.004	0.904	2.102	0.836	2.203	0.769	2.306
33	1.383	1.508	1.321	1.577	1.258	1.651	1.193	1.730	1.127	1.813	1.061	1.900	0.994	1.991	0.927	2.085	0.861	2.181	0.795	2.281

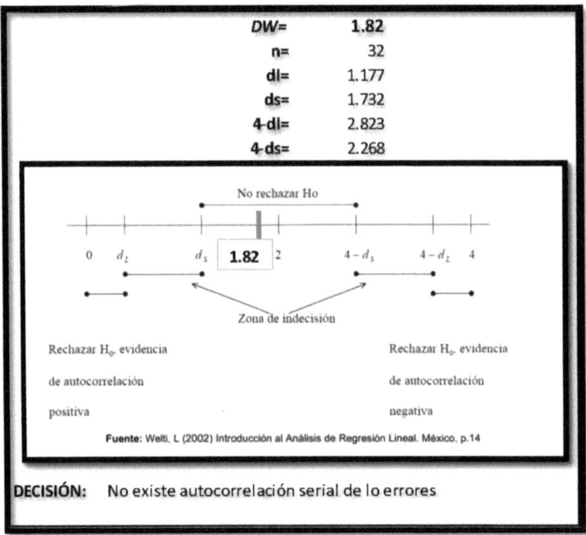

Nota. Elaborado por el Autor

Anexo 3. *Cálculo de Efectos Parciales*

Efectos parciales factor agua:	
a-1=	-0.3435
ab-b=	2.852
ac-c=	-1.3145
abc-bc=	-0.3565
ad-d=	0.9275
abd-bd=	4.6965
acd-cd=	0.403
abdc-bdc=	0.166
Efec. Princi=	0.8788125

Nota. Resultados obtenidos en Excel.

Efectos parciales en el ripio:	
b-1=	-3.1575
ab-a=	0.038
bc-c=	-2.493
abc-ac=	-1.535
bd-d=	-3.6425
abd-ad=	0.1265
bcd-cd=	-1.6435
abcd-acd=	-1.8805
Efec. Princi=	-1.7734375

Nota. Resultados obtenidos en Excel.

Efectos parciales en el arena:	
c-1=	-1.4875
ac-a=	-2.4585
bc-b=	-0.823
abc-ab=	-4.0315
cd-d=	-3.0185
acd-ad=	-3.543
bcd-bd=	-1.0195
abcd-abd=	-5.55
Efec. Princi=	-2.7414375

Nota. Resultados obtenidos en Excel.

Efectos parciales en los tiempo de curado:	
d-1=	4.661
ad-a=	5.932
bd-b=	4.176
abd-ab=	6.0205
cd-c=	3.13
acd-ac=	4.8475
bcd-bc=	3.9795
abcd-abc=	4.502
Efec. Princi=	4.6560625

Nota. Resultados obtenidos en Excel.

Anexo 4. *Gráficas de medias marginales de intersecciones no significativas*

Intersección de resistencias agua-curado

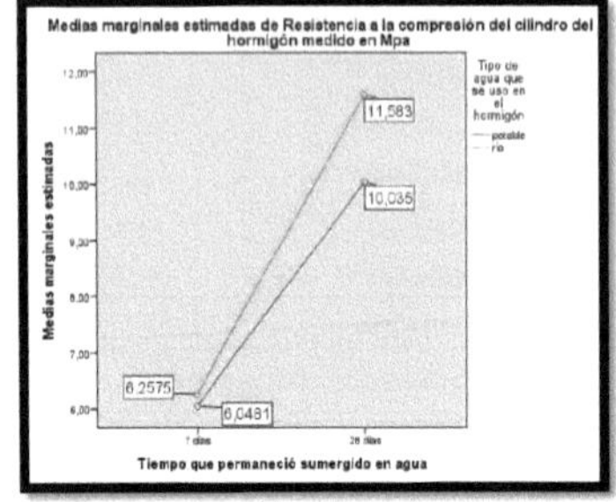

Nota. Resultados obtenidos en IBM SPSS 22.

Intersección de resistencias ripio-arena

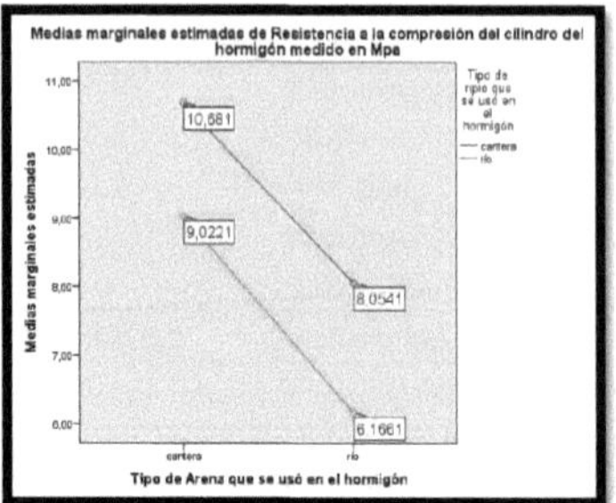

Nota. Resultados obtenidos en IBM SPSS 22.

En el figura ubicada a la izquierda, vemos que tanto el hormigón hecho con agua potable como de río tiene mayores resistencias promedio a la compresión axial simple a los 28 días de curado. También observamos que el agua de río tiene mayor resistencia promedio a la compresión axial simple que el hormigón hecho con agua potable en cualquiera de los dos tratamientos que van desde 6.2575 Mpa a 11.583 Mpa.

En el figura ubicada a la derecha, vemos que tanto el hormigón hecho con ripio de cantera como ripio de río tienen mayores resistencias promedio a la compresión axial simple cuando están compuestos de arena de cantera. También observamos que el ripio de cantera tiene mayor resistencia promedio a la compresión axial simple que el hormigón hecho con ripio de río en cualquiera de los dos tratamientos que van desde 8.0541 Mpa a 10.681 Mpa

Intersección de resistencias ripio-curado

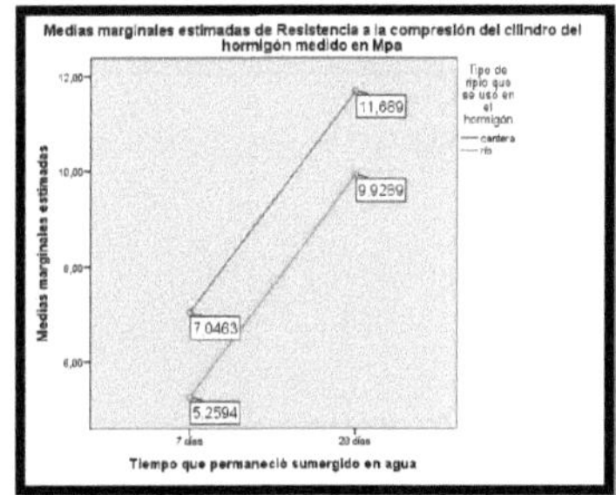

Nota. Resultados obtenidos en IBM SPSS 22.

Intersección de resistencias arena-curado

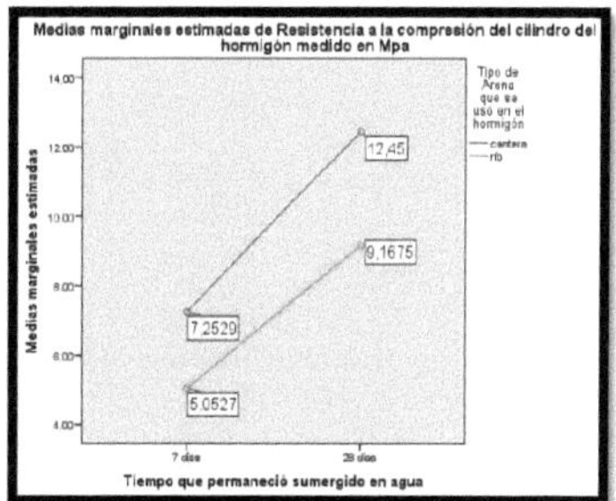

Nota. Resultados obtenidos en IBM SPSS 22.

En la figura ubicada a la izquierda, vemos que tanto el hormigón hecho con ripio de cantera como ripio de río tienen mayores resistencias promedio a la compresión axial simple cuando 28 días de curado. También observamos que el ripio de cantera tiene mayor resistencia promedio a la compresión axial simple que el hormigón hecho con ripio de río en cualquiera de los dos tratamientos que van desde 7.0463 Mpa a 11.689 Mpa.

En el figura ubicada a la derecha, vemos que tanto el hormigón hecho con arena de cantera como arena de río tienen mayores resistencias promedio a la compresión axial simple cuando 28 días de curado. También observamos que la arena de cantera tiene mayor resistencia promedio a la compresión axial simple que el hormigón hecho arena de río en cualquiera de los dos tratamientos que van desde 7.2529 Mpa a 12.45 Mpa. Constatamos que el ascenso en la resistencia promedio a la compresión axial simple entre los tipos de arena es aproximadamente el mismo en los dos tratamientos. Las líneas aparecen paralelas y diremos que no se aprecia interacción.

Anexo 5. *Certificado Holcim*

Holcim Ecuador S.A.
Urbanización San Eduardo 1
Av. Barcelona y Calle José Rodríguez Bonín
Edificio El Caimán, Piso 2
Casilla: 09-01-04243
Guayaquil, Ecuador

Telf.: (593-4) 3709000
Fax: (593-4) 3709001

Centro de Innovación Holcim

CERTIFICADO

Guayaquil, 07 de octubre de 2020

Certifico que el Señor LUIS PATRICIO JUNA POZO con CI 1718306655, tesista de la Universidad Central del Ecuador, Facultad de Ciencias Económicas carrera de Ingeniería Estadística, realizó sus pruebas técnicas en el Centro de Innovación Holcim, para los diseños de hormigones que requería en su investigación.
Las pruebas, en nuestras instalaciones, comprendían la realización y evaluación del hormigón fresco así como el ensayo de compresión de los cilindros de concreto a las edades especificadas.

En honor a la verdad declaro lo anterior expuesto. El presente certificado puede hacer uso del interesado como bien a él le parezca.

Ing. Jorge Flores Rada
Jefe del Centro de Innovación Holcim
Negocios Agregados y Concreto Premezclado

Anexo 6. *Gad Municipal de Pedernales*

CERTIFICACIÓN

A petición del señor **LUIS PATRICIO JUNA POZO** con C.I. 1718306655, Tesista de la Universidad Central del Ecuador, Facultad de Ciencias Económicas, carrera de Ingeniería Estadística: **CERFITICO** que: el señor JUNA POZO recibió colaboración del GAD-Pedernales a través de la Dirección de Obras Públicas, para la recolección de agua, agregado gruesos y finos (ripio y arena), que requería para su investigación, posteriormente el transporte y traslado de los materiales a la Planta San Eduardo de la Empresa Holcin ubicada en la ciudad de Guayaquil.

En honor a la verdad, declaro lo anterior expuesto. El interesado puede hacer uso del presente certificado como a él bien le parezca,

Ing. Ider Javier Loor Bazurto
DIRECTOR DE OBRAS PUBLICAS

Pedernales, Octubre 06 del 2020

Calle Los Ríos entre Machala y Eduardo Puertas | Pedernales - Manabí - Ecuador | www.pedernales.gob.ec

Printed by Books on Demand GmbH, Norderstedt / Germany